M. Manigandan
P. Saranraj

Pectinase microbiana de resíduos de cascas de fruta

M. Manigandan
P. Saranraj

Pectinase microbiana de resíduos de cascas de fruta

Imprint

Any brand names and product names mentioned in this book are subject to trademark, brand or patent protection and are trademarks or registered trademarks of their respective holders. The use of brand names, product names, common names, trade names, product descriptions etc. even without a particular marking in this work is in no way to be construed to mean that such names may be regarded as unrestricted in respect of trademark and brand protection legislation and could thus be used by anyone.

Cover image: www.ingimage.com

This book is a translation from the original published under ISBN 978-620-2-19846-2.

Publisher:
Sciencia Scripts
is a trademark of
Dodo Books Indian Ocean Ltd. and OmniScriptum S.R.L publishing group

120 High Road, East Finchley, London, N2 9ED, United Kingdom
Str. Armeneasca 28/1, office 1, Chisinau MD-2012, Republic of Moldova, Europe
Printed at: see last page
ISBN: 978-620-8-05118-1

ÍNDICE

Resumo

Foram isoladas culturas bacterianas e fúngicas de resíduos de cascas de fruta. As culturas bacterianas foram identificadas como *Bacillus* sp. e *Pseudomonas* sp. e as culturas fúngicas foram identificadas como *Aspergillus niger, Aspergillus flavus* e *Penicillium chrysogenum*. Verificou-se que todas as culturas bacterianas e fúngicas produziam um nível apreciável de enzimas pectinolíticas, *nomeadamente* pectina esterase e pectato liase. Entre os diferentes níveis de pectina testados, todas as culturas registaram uma atividade máxima de pectinase a uma concentração de 1% de pectina. Com uma concentração de 1% de pectina, os isolados bacterianos *Pseudomonas* sp. e *Bacillus* sp. apresentaram maior atividade de pectina esterase. A atividade máxima de pectato liase foi expressa por *Bacillus* sp. seguida por *Pseudomonas* sp. cultivadas em meio com uma concentração de 1% de pectina. A um nível de 1% de pectina, o isolado fúngico *Aspergillus niger* registou a atividade máxima de pectina esterase e *Penicillium chrysogenum* registou a atividade máxima de pectato liase. Relativamente a diferentes concentrações de sacarose, a 0,4% de sacarose, o isolado bacteriano *Bacillus* sp. produziu a pectina esterase mais elevada, ao passo que o isolado *Bacillus* sp. apresentou a atividade máxima de pectina esterase em meio de glucose. Todos os isolados fúngicos mostraram uma atividade máxima de pectina esterase a 0,4 por cento de sacarose. A atividade máxima de pectato liase foi registada por *Aspergillus niger* em meio com 0,4 por cento de sacarose. Relativamente a diferentes concentrações de nitrato de amónio, foi registada uma maior atividade de pectina esterase pelo isolado *Bacillus* sp. cultivado em meio contendo 0,4 por cento de nitrato de amónio. A atividade máxima de pectato liase foi registada por *Pseudomonas* sp. em meio contendo 0,4 por cento de nitrato de amónio. Entre os isolados fúngicos, *Aspergillus niger* registou a atividade máxima de pectina esterase a 0,4 por cento de peptona. O isolado *Aspergillus niger* apresentou uma atividade máxima de pectato liase em meio contendo 0,4% de nitrato de amónio. Em fermentação submersa, o isolado fúngico *Aspergillus flavus* registou maior atividade de pectina esterase e pectato liase. A adição de nitrato de amónio aumentou a produção de pectinases a partir de resíduos de cascas de fruta. A produção de pectinases a partir de cascas de fruta foi mais elevada na fermentação em estado sólido do que na fermentação submersa e o *Aspergillus* teve um melhor desempenho do que os outros organismos. A adição de nitrato de amónio influenciou a produção de pectinase.

Palavras chave: Resíduos de cascas de fruta, enzimas pectinolíticas, bactérias e fungos.

1. INTRODUÇÃO

As pectinases são um grupo de enzimas que atacam a pectina e a despolimerizam por hidrólise e transeliminação, bem como por reacções de desesterificação, que hidrolisam a ligação éster entre os grupos carboxilo e metilo da pectina (Ceci e Loranzo, 1998). Estas enzimas actuam sobre a pectina, uma classe de polissacáridos complexos presentes na parede celular das plantas superiores e material de cimentação da rede de celulose (Thakur *et al*, 1997). As pectinases representam 10 % da produção mundial de enzimas industriais e o seu mercado está a aumentar de dia para dia (Stutzenberger, 1992).

As pectinases são classificadas de acordo com o seu modo de secreção em pectinases extracelulares e intracelulares. Uma enzima extracelular é excretada (segregada) fora da célula para o meio em que a célula vive. As enzimas extracelulares convertem geralmente grandes moléculas de substrato (isto é, alimento para a célula ou organismo) em moléculas mais pequenas que podem então ser mais facilmente transportadas para o interior da célula, enquanto uma enzima intracelular funciona dentro dos limites da membrana celular. As proteínas de membrana permanecem ligadas de alguma forma à membrana celular (Hankin e Anagnostakis, 1975). As pectinases intracelulares e extracelulares são classificadas de acordo com o modo como atacam a parte galacturonana das moléculas de pectina (Pilnik e Voragen, 1993).

As pectinases são o grupo de enzimas que causam a degradação da pectina, que são moléculas em cadeia com uma espinha dorsal de ramnogalacturonano, associadas a outros polímeros e hidratos de carbono. Estas pectinases têm amplas aplicações na indústria dos sumos de fruta e na indústria vinícola. Na indústria dos sumos de fruta, são utilizadas para clarificação, reduzindo a viscosidade, o que acaba por conduzir à formação de um sumo claro. Aumentam o rendimento dos sumos através da liquefação enzimática das polpas; estas pectinases também ajudam na formação de produtos polposos, macerando o tecido organizado em suspensão de células intactas. Na indústria vinícola, as pectinases são utilizadas principalmente para diminuir a adstringência, solubilizando as antocianinas sem lixiviar os polifenóis da procitadina, e as pectinases também aumentam a pigmentação, extraindo mais antocianinas (Tucker e Woods, 1991).

As pectinases podem ser produzidas tanto por fermentação submersa como por fermentação em estado sólido (SSF). A fermentação submersa consiste na cultura de microrganismos em caldo líquido. Requer grandes volumes de água, agitação contínua e gera muitos efluentes. A FSS incorpora o crescimento microbiano e a formação de produtos sobre ou dentro de partículas de um substrato sólido (Mudgett, 1986) em condições aeróbicas, na ausência ou quase ausência de água livre, e geralmente não requer condições assépticas para a produção de enzimas.

Muitos fungos filamentosos como *Aspergillus niger, Aspergillus. awamori, Penicillium restrictum, Trichoderma viride, Mucor piriformis* e *Yarrowia lipolytica* são utilizados tanto na fermentação submersa como na fermentação em estado sólido para a produção de vários produtos industrialmente importantes como o ácido cítrico, o etanol, etc. Fungos como *Aspergillus niger, Aspergillus oryzae, Penicillium expansum*, que são geralmente considerados seguros (GRAS) pela United States Food and Drugs Administration (USFDA), são utilizados na indústria alimentar (Pariza e Foster, 1983). Também são utilizadas algumas bactérias *(Bacillus licheniformis, Aeromonas cavi, Lactobacillus,* etc.), leveduras como *Saccharomyces, Candida* e *Actinomicetos* como *Streptomycetes*. Entre estes, os fungos filamentosos são os mais utilizados (Pandey *et al*, 1999).

Os fungos podem produzir enzimas tanto intracelulares como extracelulares. Todos os fungos são hetrotróficos e dependem de compostos de carbono sintetizados por outros organismos vivos. As moléculas pequenas, como os monodissacáridos, os ácidos gordos e os aminoácidos, podem passar facilmente, mas para a decomposição de compostos complexos maiores, como a pectina, os fungos segregam enzimas extracelulares. É bem sabido que, em comparação com as enzimas intracelulares, as enzimas extracelulares são mais fáceis de extrair.

As enzimas intracelulares requerem mais tempo e produtos químicos dispendiosos para a sua extração (Hankin e Anagnostakis, 1975). Até à data, os substratos utilizados para a fermentação em estado sólido são materiais de origem vegetal, como grãos como o arroz, o milho, raízes, tubérculos e leguminosas. Para além destes, o bagaço, as cascas de manga, os resíduos de laranja como as cascas e outros resíduos da indústria de frutas e legumes também estão a ser muito utilizados (Smith e Aidoo, 1988).

As pectinases são frequentemente utilizadas na indústria das frutas e dos produtos hortícolas, e a pectina é também amplamente utilizada na indústria alimentar. O óleo de casca tem muitas aplicações úteis tanto na indústria alimentar como na farmacêutica. É bom para a pele O solvente cítrico é um solvente biodegradável que ocorre na natureza como o principal componente do óleo de casca de citrinos. Os solventes de citrinos têm um aroma agradável e a classificação FDAGRAS ("geralmente reconhecido como seguro") torna-o adequado para ser utilizado como solvente. O solvente de citrinos pode substituir uma grande variedade de produtos, incluindo bebidas espirituosas minerais, metiletilcetona, acetona, tolueno, éteres de glicol e, claro, solventes orgânicos fluorados e clorados. As fibras alimentares são o produto de valor acrescentado mais recente e são utilizadas como meio de alimentação.

ESTUDO ACTUAL

O presente estudo foi realizado para avaliar a atividade de pectinase das bactérias e fungos pectinolíticos utilizando resíduos de cascas de fruta como substrato alimentar. A produção de pectinase por diferentes organismos em fermentação submersa tem recebido mais atenção e é considerada proibitiva em termos de custos devido ao elevado custo da engenharia do processo.

Para o presente estudo, foram definidos os seguintes objectivos

a)   Isolamento de bactérias e fungos pectinolíticos de resíduos de frutos através da técnica de enriquecimento.

b)   Caracterização de isolados bacterianos e fúngicos.

c)   Avaliação de isolados para uma maior atividade pectinolítica.

2. REVISÃO DA LITERATURA

2.1. ESTRUTURA E PROPRIEDADES DA PECTINA

A pectina é um heteropolissacarídeo que tem como principais componentes o ácido galacturónico e o metanol. O polissacárido péctico é constituído por uma tríade de polímeros: α.1,4. D-poligalacturonídeo, um L-arabano altamente ramificado e β.1,4-D-galactano. Para além do ácido D-galacturónico, estão também presentes açúcares como a L-ramnose, a L-arabinose, a D-galactose, a D-xilose e a L-frutose (Cook e Stewart, 1973). Os grupos de ácido carboxílico dos resíduos de ácido galacturónico são parcialmente esterificados com metanol e o teor de metoxilo varia consoante a fonte. Quando todos os grupos carboxilo do ácido poligalacturónico são esterificados, o teor de metoxilo é de 16,32%, ou seja, o grau de esterificação é de 100%. As pectinas ácidas e neutras transportam ácido ferúlico nas extremidades não redutoras dos domínios neutros que contêm arabinose e/ou galactose. As pectinas contêm aproximadamente um resíduo de teruloil por cada 60 resíduos de açúcar. Estes ácidos feruloil pécticos estão envolvidos na regulação da expansão celular, na resistência a doenças e no início da lenhificação. A propriedade física única mais importante das pectinas é a sua capacidade de formar géis com açúcar e ácidos.

A maceração de substâncias pécticas com a ajuda de microrganismos pectinolíticos é atribuída à libertação de fibras libertadas do córtex do caule durante a maceração do linho, da juta e de outras culturas de fibras libertadas do caule, bem como à libertação de sementes de café, cacau e pimenta branca da polpa e da mucilagem circundantes (Chesson, 1980). Forgarty e Kelly (1983) registaram a presença de pectina em alguns frutos e produtos hortícolas.

2.2. MICRORGANISMOS PECTINOLÍTICOS

As pectinas são degradadas por vários microrganismos para produzir uma variedade de compostos e enzimas que estão envolvidos em muitas aplicações industriais. Muitas bactérias e fungos patogénicos são capazes de degradar as pectinas (Bateman, 1972).

2.2.1. Bactérias Pectinolíticas

Elyrod (1942) referiu pela primeira vez que a bactéria *Erwinia* sp. pode degradar a pectina. Zucker *et al.* (1972) e Chatterjee *et al.* (1979) mostraram a produção de endopoligalacturonase induzível e extracelular por *Pseudomonas fluorescens* e *Erwina*. Bactérias como *Bacillus*, *Pseudomonas* e *Micrococcus* isoladas de linho em decomposição, juta, sisal e fibra de coco e *Erwinia* de frutos de café demonstraram possuir a capacidade de degradar a pectina através da produção de enzimas pectinolíticas (Chesson, 1980).

Forgarty e Kelly (1983) enumeraram muitos microrganismos capazes de degradar a pectina. McMillan *et al.* (1992); Heikinheimo *et al.* (1995); Weber *et al.* (1996) e Liao *et al.* (1996) descobriram que muitas espécies de *Erwinia, Xanthomonas* e *Pseudomonas* são capazes de produzir enzimas pectinolíticas. A determinação das contagens totais e das contagens pectinolíticas totais em frutos despolpados indicou que as bactérias pectinolíticas são a fração importante da população microbiana (Roussos *et al.*, 1995). A flora microbiana das cascas de fruta consiste principalmente em enterobacteriaceae, particularmente do género *Erwinia*, que produzem enzimas pectolíticas durante a fermentação.

2.2.2. Fungos pectinolíticos

Muitas espécies de fungos são capazes de degradar a pectina produzindo diferentes enzimas pectinolíticas. O fungo *Alternaria sesami* produz enzimas pectinolíticas, *nomeadamente* a poligalacturonase trans eliminase, a pectina trans eliminase e a poligalacturonase (Rajpurohit e Prasad, 1982).

Shindia (1995) relatou que a variação de temperatura durante a compostagem de lixo levou a mudanças correspondentes na distribuição de fungos degradadores de pectina no composto e os fungos pectinolíticos mais comuns foram *Aspergillus niger, Aspergillus flavus, Aspergillus terreus, Penicillium chrysogenum, Fusarium moniliforme, Alternaria alternata, Cladosporium cladosporioides* e *Trichoderma reesei*, e esses fungos também faziam parte da microflora pectinolítica dos frutos do café.

2.3. ENZIMAS PECTICAS

As pectinases são o grupo de enzimas que catalisam a decomposição de substâncias que contêm pectina. Estas enzimas são produzidas por plantas e micróbios e não são sintetizadas por células animais (Forgarty e Kelly, 1983; Pandey *et al.*, 1999). Atualmente, a maioria das enzimas comerciais é obtida através da utilização de culturas de fungos.

2.4. CLASSIFICAÇÃO DAS ENZIMAS PÉCTICAS

As enzimas pécticas têm sido classificadas com base em diferentes critérios (Bateman e Millar, 1966; Rexova Benkova e Markovic, 1976). A classificação recente das enzimas pectinolíticas baseia-se no método proposto por Fogarty e Kelly (1983). Basicamente, existem três tipos de enzimas pécticas, *nomeadamente* as pectinesterases, que removem os resíduos de metoxilo da pectina, uma gama de enzimas despolimerizantes (pectinase) e a protopectinase, que solubiliza a protopectina para formar pectina (Sakai *et al.*, 1993).

2.5. PRODUÇÃO DE ENZIMAS PÉCTICAS

Durante a última década, o interesse mundial pelas enzimas pécticas aumentou devido ao seu valor industrial, especialmente nas indústrias alimentares e de fermentação. As enzimas pécticas representam 10 por cento do total de enzimas alimentares (Gupta *et al.*, 1997). A sua utilização na produção de sumos de fruta e vegetais clarificados é uma prática comum na indústria alimentar. A adição de pectinases ao sumo turvo provoca uma rápida diminuição da viscosidade, bem como a floculação das micelas, podendo obter-se um sumo claro após a filtração. Outras utilizações industriais das enzimas pécticas incluem a extração de óleo, aromas e pigmentos de materiais vegetais e a maceração de vegetais e frutos. A preparação sem células de enzimas pécticas microbianas e a sua capacidade para macerar materiais vegetais foi referida por Chesson (1980).

As enzimas pectinolíticas são produzidas por várias plantas e microorganismos e não são sintetizadas por células animais (Forgarty e Kelly, 1983). Atualmente, as fontes fúngicas fornecem a maior variedade de enzimas comerciais a granel e têm a mais ampla variedade de aplicações, o que está bem documentado por Lowe (1992). A elevada produção de enzimas é conseguida através da seleção de estirpes, do desenvolvimento de meios, do desenvolvimento de processos e de programas de aumento de escala (Pandey *et al.*, 1999).

2.6. MÉTODOS DE PRODUÇÃO DE ENZIMAS PECTINASE

As enzimas microbianas são produzidas comercialmente através de técnicas de fermentação submersa (SmF) ou de fermentação em substrato sólido (SSF). As técnicas de SmF para a produção de enzimas são geralmente realizadas em reactores de tanque agitado em condições aeróbias, utilizando sistemas descontínuos ou descontínuos alimentados. O elevado investimento de capital e os custos de energia, bem como os requisitos em termos de infra-estruturas para a produção em grande escala, tornam a aplicação de técnicas de FSM na produção de enzimas mais impraticável na maioria dos países em desenvolvimento. A fermentação submersa é a cultura de microrganismos em caldo líquido que requer grandes volumes de água, agitação contínua e gera muitos efluentes. A SSF incorpora o crescimento microbiano e a formação de produtos sobre ou dentro de partículas de um substrato sólido em condições aeróbicas, na ausência ou quase ausência de água livre e geralmente não requer condições assépticas para a produção de enzimas (Mudgett, 1986; Sanzo *et al.*, 2001).

Para a produção industrial de enzimas pectinolíticas, é importante melhorar as condições de cultura, produzindo uma melhor produção de enzimas extracelulares em cultura líquida com fontes de carbono pouco dispendiosas (Leuchtenberger *et al.*, 1989; Fericin *et al.*, 1992).

2.6.1. Fermentação submersa (SmF)

As fermentações submersas (SmF) apresentam as vantagens de melhores oportunidades para o controlo e análise do processo e a base para experiências planeadas para aumentar o rendimento da fermentação através da utilização de um meio optimizado (Schmidt *et al.*, 1995). As enzimas pectinolíticas são produzidas em grande escala a partir de espécies do género *Aspergillus* (Kester e Visser, 1990) e *Penicillium* (Ikotum, 1984).

2.6.2. Fermentação em estado sólido (SSF)

A fermentação em estado sólido (FES) é geralmente definida como o crescimento de microrganismos em materiais sólidos na ausência de água livre. Tem um enorme potencial para a produção de enzimas (Aidoo *et al.*, 1982; David *et al.*, 2000). Os estudos sobre a produção de enzimas por fermentação em estado sólido estão a aumentar devido às vantagens potenciais, tais como a simplicidade, a elevada produtividade e os produtos concentrados em relação às fermentações submersas (Aguilar e Huitron, 1987; Trejo Hernandex *et al.*, 1991; Lonsane e Ramesh, 1992; Lonsane e Ghildyal, 1992; Pandey *et al.*, 1999; Cen e Xia, 1999).

2.7. SUBSTRATOS UTILIZADOS PARA A PRODUÇÃO DE PECTINASE

Os meios requerem a presença de nutrientes biodisponíveis e a ausência de constituintes tóxicos ou inibitórios. São também necessários o carbono, o azoto, os iões inorgânicos e os factores de crescimento. Para a fermentação submersa, para além da fonte de carbono e dos factores de crescimento azotados, o meio requer muita água. O substrato mais utilizado para a fermentação em estado sólido para a produção de pectinase são materiais de origem principalmente vegetal, que incluem materiais amiláceos como grãos, arroz, milho, raízes, tubérculos e leguminosas, e materiais celulósicos de lignina, proteínas e lípidos (Smith *et al.*, 1988). Os resíduos agrícolas e de transformação de alimentos, como o farelo de trigo, a mandioca, a polpa de beterraba sacarina, os resíduos de citrinos, a maçaroca de milho, os resíduos de banana, o pó de serra e o bagaço de fruta (bagaço de maçã) são os substratos mais utilizados para a produção de pectinase por SSF (Pandey *et al.*, 2002).

2.8. MICRORGANISMOS ENVOLVIDOS NA PRODUÇÃO DE PECTINASE

Os microrganismos são atualmente a principal fonte de enzimas industriais: 50 % provêm de fungos e leveduras; 35 % de bactérias, enquanto os restantes 15 % são de origem vegetal. Os microrganismos filamentosos são mais amplamente utilizados na fermentação submersa e em estado sólido para a produção de pectinase. A capacidade destes micróbios para colonizar o substrato através do crescimento apical e da penetração confere-lhes uma vantagem ecológica considerável em relação às bactérias não móveis e às leveduras, que são menos capazes de se multiplicar e colonizar em substratos com baixa humidade (Smith *et al.*, 1988). Entre os fungos filamentosos, três classes ganharam a maior importância prática na SSF; os fitomicetos, tais como os géneros *Mucor*; os ascomicetos, géneros *Aspergillus* e basidiomicetos, especialmente os fungos da podridão branca (Young *et al.*, 1983). As bactérias e as leveduras crescem geralmente em substratos sólidos com níveis de humidade de 40 % a 70 %. As bactérias mais utilizadas são *Bacillus licheniformis, Aeromonas cavi, Lactobacillus*, etc. e as leveduras mais utilizadas são *Saccharomyces* e *Candida*. Observou-se que a produção de pectinase por estirpes de *Aspergillus* é mais elevada na fermentação em estado sólido do que no processo submerso (Solis *et al.*, 1996).

As pectinases comerciais são frequentemente produzidas a partir de fontes fúngicas em caldos líquidos. *Aspergillus* e *Trichoderma* são amplamente utilizados para a produção de enzimas. A produção de pectinases foi registada em culturas em estado sólido, utilizando subprodutos agrícolas como resíduos fibrosos de mandioca (Budiatman e Lonsane, 1987), farelo de trigo (Ghildyal *et al.*, 1981), bagaço de maçã (Hours *et al.*, 1988) e resíduos de citrinos (Garzon e Hours, 1992) como substratos, tendo-se verificado que estes substratos são os melhores para o processo SSF (Archana e Satyanarayana, 1997). Trejo Hernanadez *et al.*, (1991) compararam os rendimentos e a produtividade da pectinase com as duas técnicas, sugerindo que a PSS é mais produtiva do que a FSM.

O Aspergillus niger, um fungo filamentoso, produz várias enzimas pectinolíticas que são atualmente utilizadas nas indústrias de sumos de fruta e de vinho. Estas enzimas encontram-se sob a forma de misturas brutas e mal caracterizadas (Acuna Arguelles *et al.*, 1995). As culturas SSF mostraram actividades pectinolíticas mais elevadas do que as obtidas por SmF. Em SSF, a atividade de exopectinase foi máxima, após 72 horas, enquanto que em SmF, foi mais atrasada. A produção de pectina liase por SmF atingiu o pico após 4 dias. Os rácios comparativos das produtividades (SSF/SmF) obtidos para a endo-exopectinase e a pectato liase foram de 6,51 e 29, respetivamente, mostrando que, em geral, a técnica SSF é mais produtiva do que a SmF (Harsha *et al.*, 1993) e os resultados confirmaram as conclusões de um estudo anterior sobre a produção de pectinase utilizando a estirpe *Aspergillus niger* (Trejo Hernandex *et al.*, 1991).

Cotty *et al.* (1995) determinaram a produção de pectinases por *Aspergillus flavus* medindo as zonas claras formadas à volta das colónias coradas com vermelho de ruténio. Dos 87 isolados testados, 15 produziram uma zona vermelha após a coloração com o corante. O principal resultado deste estudo foi a seleção dos isolados de *Aspergillus niger* mais eficientes na produção de pectinases a partir do ambiente local para satisfazer as necessidades da procura local.

Maecia Soares *et al.* (1999) selecionaram cento e sessenta e oito estirpes bacterianas, isoladas do solo e de amostras de vegetais em decomposição, para a utilização de pectina de citrinos como única fonte de carbono. 102 de 168 foram positivas para a despolimerização da pectinase em placas de ensaio, evidenciada por halos claros de hidrolização. Entre elas, 30% apresentaram uma atividade pectinolítica considerável. O cultivo destas estirpes por fermentação submersa e semi-sólida para a produção de poligalacturonase indicou que cinco estirpes de *Bacillus* sp. produziram quantidades elevadas da enzima. Foram determinadas as caraterísticas físico-químicas, tais como pH ótimo de 6,0 a 7,0, temperaturas óptimas entre 45 °C e 55 °C, estabilidade a temperaturas superiores a 40 °C e em pH neutro e alcalino.

Urmila Phutela *et al.* (2005) isolaram uma estirpe fúngica termofílica produtora de pectinase e poligalacturonase após um rastreio primário de 120 isolados diferentes. O fungo foi identificado como *Aspergillus fumigatus*. Utilizando a cultura em estado sólido, foram determinados os níveis óptimos das variáveis para a produção de pectinase e poligalacturonase (PG). Os níveis máximos de actividades enzimáticas foram atingidos quando a cultura foi cultivada num meio contendo farelo de trigo, sacarose, extrato de levedura e $(NH_4)2SO_4$ após 2 - 3 dias se incubação a uma temperatura de 50°C. As actividades enzimáticas mais elevadas de 1116 Ug^{-1} para a pectinase e 1270 Ug^{-1} para a poligalacturonase foram obtidas a pH 4,0 e 5,0, respetivamente.

Chawanit Sittidilokratna *et al.* (2007) efectuaram o rastreio de bactérias produtoras de pectinase e a avaliação da eficácia da pectinase do maior produtor para a biopolpação da casca de amoreira. As bactérias pectinolíticas foram inicialmente selecionadas a partir de 6 isolados identificados e 118 desconhecidos. Doze estirpes deram resultados positivos, incluindo 3 de *Erwinia carotovora* subsp. *carotovora*, 2 de *Erwinia chrysanthemi* e 7 de *Bacillus* sp. Foram preparadas pectinases brutas a partir das estirpes selecionadas. Em seguida, foi investigada a atividade de 3 tipos de pectinases, nomeadamente a poligalacturonase (PG), a pectato liase (PAL) e a pectina liase (PL). Os resultados mostraram a maior produção de PG da estirpe N05 (342-11) de *E. chrysanthemi* isolada da cebola e a maior produção de PAL e PL da estirpe N10 de *Bacillus* sp. isolada da casca de amoreira. Tanto a estirpe N05 como a N10 possuem condições óptimas semelhantes a pH 10,0 e 35 °C, e foram estáveis a pH 3-12 durante 30 minutos e a 20 - 40 °C durante 24 horas.

Abdul Hannan *et al.* (2009) efectuaram uma avaliação em várias etapas de 52 estirpes de *Aspergillus niger* com base na produção de poligalacturonase. O método de placa foi utilizado para o rastreio preliminar dos isolados. As estirpes que apresentavam uma zona clara relativa com um diâmetro superior a 1,386 foram selecionadas para o rastreio final. Das 52 estirpes, 23 foram selecionadas para uma análise mais aprofundada utilizando o método de ensaio enzimático optimizado. A produção de enzimas por 23 estirpes selecionadas foi estudada em fermentação submersa com pectina como única fonte de carbono. A atividade máxima foi observada em dois isolados de *Aspergillus niger* (H12 e H51), apresentando mais de 0,700 unidades após um período de incubação de 96 horas. Apenas quatro isolados (H06, H13, H45 e H46) apresentaram as actividades máximas após a incubação durante 72 horas, tendo sido observado um declínio às 96 horas.

Lali Kutateladze *et al.* (2009) investigaram a fisiologia e algumas caraterísticas bioquímicas das estirpes selecionadas. O meio nutritivo para cada estirpe em particular foi optimizado e as condições de crescimento foram estabelecidas. A estirpe *Pénicillium canescens* I-85 revela a maior atividade de pectinase a 27 °C e pH 4,0; a estirpe *Aspergillus niger* T 1-1 a 40 °C, pH 6,0; *Trichoderma viride* Ts-2 a 30 °C, pH 7,5. Como resultado da otimização dos meios nutritivos, a atividade da pectinase aumentou 122, 28 e 98 %, respetivamente.

2.9. ENSAIO DE ENZIMAS PÉCTICAS

Os métodos de ensaio para a deteção e medição da atividade pectinolítica variam desde os métodos qualitativos puros (Hildebrand, 1971) para demonstrar a presença da atividade das enzimas até aos métodos quantitativos (Collmer *et al.*, 1988; Conway *et al.*, 1988), que determinam a atividade em termos de ligações efetivamente hidrolisadas.

2.9.1. Pectic esterase

O método mais comum para determinar a atividade da pectina esterase é o método titrimétrico de estimativa dos grupos carboxilo formados na pectina pela enzima (Cole e Wood, 1961; Tolboys e Busch, 1970). A pectina esterase também pode ser avaliada medindo o metanol libertado da pectina durante a reação. Zhao *et al.* (1996) descreveram um método espetrométrico simples para a estimativa do metanol libertado pela pectina.

2.9.2. Enzima liase

A atividade enzimática das liases pode ser medida seguindo o aumento da absorção do digerido a 560 nm de comprimento de onda. Devido à sua simplicidade, o procedimento de ensaio é ampla e rotineiramente utilizado para avaliar a poligalacturonato liase e a polimetilgalacturonato liase (Forgarty e Kelly, 1983).

2.10.FACTORES NUTRICIONAIS QUE AFECTAM A PRODUÇÃO DE ENZIMAS

Tuttobello e Mill, (1961) referiram que os rendimentos enzimáticos mais elevados foram obtidos num meio de farinha de amendoim com 2% de sacarose e 2% de pectina. Moran e Starr (1969) referiram que *Erwinia carotovora* e *Erwinia aroideae* eram constitutivas no que respeita à síntese de endopoligalacturonato liase. Em fermentação descontínua, a taxa diferencial de formação de enzimas foi baixa com glicose, média com glicerol e alta com pectato como única fonte de carbono e energia e concluiu-se que a produção de enzimas está sob controlo de repressão do catabolismo.

A utilização de substâncias complexas como a casca de citrinos ou outros resíduos agrícolas é comum, uma vez que estes materiais são substratos naturais para enzimas pectinolíticas (Blieva e Rodinova, 1987; Aguilar e Huitron, 1990). Estas substâncias e os seus produtos de degradação são indutores da síntese enzimática, por exemplo, o ácido galacturónico e o ácido péctico (Tahara *et al.*, 1972), bem como o ácido poligalacturónico e a própria pectina (Maldonado *et al.*, 1989).

Bahkali (1995) referiu que a pectina é o melhor substrato para a produção de poligalacturonase. Ward e Fogarty (1974) afirmaram que a glucose é a fonte de carbono mais adequada para a produção da poligalacturonato liase de *Bacillus subtilis* e que o polipectato de sódio foi o melhor indutor da poligalacturonato liase em *Flavobacterium pectinovorum*.

Bateman (1972) demonstrou que o ácido péctico ou o polipectato de sódio é considerado um melhor substrato para a produção de poligalacturonase do que a pectina. Kunte e Shastri (1980) referiram que a produção máxima de poligalacturonase e polimetalacturonasel teve lugar num meio que continha 0,5 por cento de pectina e 0,5 por cento de pó de celulose. A produção máxima de PG ocorreu após 4 dias e o período de incubação ótimo para a produção de enzimas pectinolíticas varia de estirpe para estirpe e de espécie para espécie.

Foda *et al.* (1984) relataram que para a produção máxima de enzimas pectinolíticas, os fungos *Asperillus aculeatus* e *Mucor pusillu* requerem pectina como fonte de carbono. Murad e Foda (1992) verificaram que a suplementação do permeado com extrato de levedura ou peptona resultou num aumento acentuado da atividade enzimática em comparação com o meio de permeado de controlo. Garzon e Hours (1992) afirmaram que, utilizando *Aspergillus foetidus*, a pectinase com uma atividade de 1600-1700 Ug⁻¹ após 36 h de cultura pode ser obtida a partir de resíduos de citrinos suplementados com extrato de levedura e sais minerais.

A pectinase produzida por SmF com *Aspergillus* e *Fusarium* foi induzida por pectina e seus derivados (Perley e Page, 1971; Aguilar e Huitron, 1990). Sara *et al.* (1993) referiram que, em fermentação em estado sólido, as actividades de exo e endo pectinase de *Aspergillus niger* aumentavam com o aumento da concentração da fonte de carbono. Verificou também que, em SmF, as actividades de exo e endo pectinase de *Aspergillus niger* diminuíam drasticamente quando se adicionava glucose ou sacarose (3 por cento) ao meio de cultura que continha pectina.

Bahkali (1995) referiu que o fungo *Verticillium tricorpus* apresentava uma atividade máxima da enzima poligalcturonase em meio que continha pectina como substrato. Gupta *et al.* (1997) referiram que os fragmentos de beterraba sacarina e o bagaço de maçã produziram uma maior atividade de poligalacturonase em condições semi-sólidas e que a cebola crua e a casca de citrinos se revelaram melhores em condições estacionárias. Isshiki *et al.* (1997) referiram que *Alternaria alternata* (AG 325) produziu poligalacturonase em meio líquido contendo um por cento de pectina. Também se registou um aumento da síntese de poligalacturonase com a adição de cinco por cento de sacarose ao meio de cultura.

2.11. FACTORES AMBIENTAIS QUE INFLUENCIAM A PRODUÇÃO DE ENZIMAS

A fim de otimizar a produção de enzimas, os parâmetros que afectam a síntese de enzimas têm de ser normalizados. Embora as condições óptimas possam variar para cada organismo e enzima, certos factores foram estabelecidos como os mais significativos para influenciar o rendimento global da enzima (Fogarty e Kelly, 1983). De acordo com Pandey (1992), os principais factores que afectam a síntese microbiana de enzimas na fermentação em estado sólido incluem a seleção de um substrato e de microrganismos adequados, o pré-tratamento do substrato, a dimensão das partículas (espaço interpartículas e área de superfície) do substrato, o teor de água e a atividade da água (a_w) do substrato, a humidade relativa, o tipo e a dimensão do inóculo, o controlo da temperatura da matéria em fermentação, a remoção do calor metabólico, o período de cultivo, a manutenção da uniformidade no ambiente do sistema de fermentação em estado sólido e a atmosfera gasosa.

O fator crítico para o crescimento de fungos em superfícies sólidas é a humidade. O controlo do nível de humidade dentro de uma gama relativamente estreita é essencial para otimizar a fermentação em estado sólido. Muitos microrganismos podem crescer em substratos sólidos, mas apenas os fungos filamentosos podem crescer na ausência de água livre. Um substrato adequadamente humedecido teria uma película superficial de água para facilitar a dissolução e a transferência de massa de nutrientes e oxigénio, mas os canais interpartículas seriam deixados livres para permitir a difusão de oxigénio e a dissipação de calor (Tengerdy, 1985).

Norkrans e Hammarstrom (1963) verificaram que *Rihizinia maculata* produzia poligalacturonase de forma óptima a um pH de 3 - 4 e que a atividade diminuía para 50 por cento a um pH de 5 - 6. Foda *et al.* (1984) referiram que o valor de pH ótimo para a produção de enzimas era de 4 - 5 e 4 - 6 para *Aspergillus aculeatus* e *Mucor pusillus*, respetivamente, e ambos os organismos requerem pectina como fonte de carbono. Mehta e Mehta (1985) indicaram que a secreção de poligalacturonase era máxima a pH 4 - 5 no caso de *Fusarium oxyporum*. Hours *et al.* (1988) encontraram a maior atividade pectinolítica do bagaço de maçã a pH 4,0 e a sacarificação máxima da polpa de beterraba sacarina foi encontrada a pH 4,8 (Considine *et al.*, 1988).

O maior obstáculo para aumentar a escala do processo SSF é a acumulação de calor. Este provoca a perda de água por evaporação e pára o crescimento vegetativo. Por outro lado, uma evaporação controlada com reposição contínua de água pode promover a dissipação do calor e assegurar um crescimento vegetativo produtivo. As actividades pectinolíticas de *Aspergillus niger* produzidas em SSF são mais estáveis do que as produzidas em SmF. A atividade máxima de endopoligalacturonase em SSF foi registada a 60° C (Acuna Arguelles *et al.*, 1955). Também referiram que a atividade da exopectinase obtida em SmF.

2.12. APLICAÇÃO INDUSTRIAL DE ENZIMAS PÉCTICAS

A aplicação de enzimas em processos biotecnológicos tem-se expandido consideravelmente nos últimos anos. Na indústria alimentar e afins, está a ser dada grande importância à utilização de enzimas para melhorar a qualidade, aumentar os rendimentos dos processos de extração, estabilizar o produto e melhorar o sabor e a utilização de subprodutos (Arora *et al.*, 2006).

Na extração de sumos, tanto a maceração como a redução da viscosidade contribuem para aumentar o rendimento do sumo obtido. É a capacidade das enzimas pécticas para reduzir a viscosidade das bebidas de frutos (Baumann, 1981). Fogarty e Kelly (1983) referiram a utilização de pectinases na clarificação do vinho. Hours *et al.* (1983) referem que são necessários níveis de pectinases entre 1000 e 2000 Ul^{-1} de sumo durante 1 a 3 horas para obter a clarificação de três sumos de maçã diferentes.

As enzimas pectolíticas são adicionadas antes da fermentação dos mostos de vinho branco, que são feitos a partir de sumo prensado sem qualquer contacto com a pele, a fim de acelerar a clarificação. Outra aplicação de enzimas pectolíticas durante a produção de vinho está associada à tecnologia de termovinificação. Durante o aquecimento do mosto de uva durante algumas horas, grandes quantidades de pectina são libertadas da uva, o que não ocorre no processamento tradicional. Por conseguinte, é necessário adicionar uma preparação pectolítica ao mosto aquecido, de modo a reduzir a viscosidade do sumo. Um benefício adicional do processo é que a extração de antocianinas é melhorada, provavelmente devido a uma quebra na estrutura celular pela enzima, o que permite que os pigmentos escapem mais facilmente e, assim, ajuda a realçar a cor (Tucker e Woods, 1991).

Na indústria têxtil, as pectinases são por vezes utilizadas no tratamento de fibras naturais, como o linho e as fibras de rami (Baracet *et al.*, 1991). Das e Baruah, (1974) referiram que os fungos saprófitas *Trichoderma reesei* isolados da casca de areca segregavam uma elevada quantidade de poligalacturonase e quando trataram preparações sem células da enzima poligalacturonase em sementes de areca, a germinação foi melhor do que a das sementes de nozes tratadas com água destilada. Murthy *et al.* (2001) afirmaram que as pectinases foram utilizadas no processamento de grãos de café verdes para acelerar a remoção da geleia que envolve a cereja de café.

A fermentação natural pode dar origem a um grão de café de qualidade inferior.

Uma das aplicações potenciais das enzimas pécticas envolve o tratamento de madeiras macias comerciais. A antiga prática da maceração, através da qual são preparadas muitas fibras têxteis importantes, como o linho, o cânhamo e a juta, envolve as enzimas pectinolíticas de certos microrganismos. As enzimas pectinolíticas também podem ser aplicadas para romper géis, a fim de ajudar a recuperação de óleos (Ward e Fogarty, 1974).

As enzimas pectinolíticas desempenham um papel crucial, aumentando o acesso das celulases aos seus substratos (Moloney *et al.*, 1984, Coughlan, 1992). Wang e Chang (1994) e Spagnulo *et al.* (1997) referiram que a pectinase parecia ser a enzima mais importante, uma vez que, ao hidrolisar a superfície péctica dos substratos lenhinocelulósicos, favorecia a degradação da celulose e das hemiceluloses pelas respectivas enzimas.

3. MARERIAIS E MÉTODOS

3.1. MÉTODOS GERAIS

3.1.1. Limpeza de objectos de vidro

Todos os objectos de vidro foram mergulhados numa solução de limpeza (100 g de dicromato de potássio foram adicionados a 100 ml de água destilada, seguida da adição de 500 ml de ácido sulfúrico concentrado) durante cerca de 12 horas e lavados com água da torneira. Foram cuidadosamente lavados em água da torneira e secos. Foram esterilizados a 108 °C durante 3 horas numa estufa de ar quente.

3.1.2. Esterilização

Todos os meios foram esterilizados num autoclave a 15 libras de pressão durante 20 minutos. Os artigos de vidro foram esterilizados a 160 °C durante 3 horas num forno de ar quente.

3.1.3. Produtos químicos

Todos os produtos químicos utilizados nas experiências eram de grau de reagentes analíticos (AG) e foi utilizada água destilada durante todo o período de estudo.

3.2. RECOLHA E PREPARAÇÃO DE CASCAS DE FRUTOS

As cascas de fruta descartadas, como a casca de laranja, a casca de citrinos e a casca de batata, foram recolhidas na cantina da Universidade de Annamalai, em Annamalai Nagar. As cascas recolhidas foram selecionadas manualmente com base na sua textura fina e rigidez. As cascas recolhidas foram picadas em pedaços e secas em estufa de ar quente a 55°C até atingirem um peso constante. As cascas secas foram reduzidas num moinho de bolas e clarificadas num agitador de peneiras. As fracções de casca da malha de tamanho 12 foram utilizadas para a extração no aparelho de extração Soxhelet.

3.3. ISOLAMENTO E RASTREIO DE PECTINOLÍTICOS

Os fungos e bactérias degradadores de pectina foram isolados dos resíduos de cascas de fruta. Para o isolamento, utilizando um pilão e um almofariz esterilizados, as cascas de fruta foram trituradas e transformadas em pasta utilizando água destilada esterilizada. Uma alíquota desta amostra foi diluída em série com brancos de diluição e colocada em meio Hankin com 1% de pectina (Aneja, 1996) para as bactérias e em meio Czapek modificado com 1% de pectina e 1 ml de sulfato de estreptomicina a 1000 ppm (Smith e Dawson, 1944) para os fungos. Após a incubação, as bactérias isoladas foram purificadas pela técnica da placa de estrias e as culturas fúngicas foram purificadas pelo método da ponta de hifa única (Riker e Riker) e mantidas em ágar Czapek's com pectina em condições de refrigeração.

Composição do meio de Hankin (Aneja,1996)

Solução de sal mineral

Sulfato de amónio	:	2 g
Di-hidrogenofosfato de potássio	:	4 g
Hidrogenofosfato dissódico	:	6 g
Sulfato ferroso	:	0.2 g
Cloreto de cálcio	:	1 mg
Ácido bórico	:	10 µg
Sulfato manganoso	:	10 µg
Sulfato de zinco	:	10 µg
Molibdato de sódio	:	10 µg
Água destilada	:	100 ml
Extrato de levedura	:	1.0 g
Pectina	:	5 g
Ágar	:	15 g
Água destilada	:	500 ml
pH	:	7.0

O ágar foi fundido em 400 ml de água e os produtos químicos foram-lhe adicionados, tendo o volume sido aumentado para 1000 ml após a adição de 100 ml de solução de sal mineral.

Meio de ágar de Czapeck modificado (Smith e Dawson, 1944)

Nitrato de sódio	:	2.0 g
Hidrogénio fosfato dipotássico	:	1.0 g
Sulfato de magnésio	:	0.5 g
Cloreto de potássio	:	0.5 g
Sulfato ferroso	:	0.01 g
Pectina	:	5.0 g
Ágar	:	15.0 g
Água destilada	:	1000 ml
pH	:	7.0

3.4. CARACTERIZAÇÃO DOS ISOLADOS BACTERIANOS

As culturas bacterianas isoladas foram caracterizadas com base em testes morfológicos, como a forma e a reação de Gram (Gerharat *et al.*, 1981). Para além dos caracteres morfológicos, as culturas bacterianas isoladas foram cultivadas em meios selectivos e foram também realizados alguns testes bioquímicos de acordo com os métodos descritos por Smibert e Kreig (1981) e Beisher (1991).

3.4.1. Testes bioquímicos

3.4.1.1. Fermentação de açúcares

Os isolados bacterianos foram testados quanto à sua capacidade de fermentar açúcares, como a glucose, a lactose e a sacarose. O caldo de fermentação foi preparado com hidratos de carbono específicos e um indicador de pH, *ou seja*, vermelho de fenol. Observou-se a mudança de cor de vermelho para amarelo e a recolha de gás nos tubos de Durham (Beisher, 1991).

3.4.1.2. Hidrólise do amido

Os isolados bacterianos foram semeados em placas de ágar nutriente contendo dois por cento de amido e incubados à temperatura ambiente. A hidrólise do amido foi testada por inundação com solução de iodo de Gram e a zona clara à volta das colónias foi registada (Beisher, 1991).

3.4.1.3. Hidrólise da gelatina

Os isolados foram inoculados em tubos profundos de gelatina nutritiva, incubados durante 48 horas, mantidos em condições de refrigeração durante 4 horas e observados quanto à liquefação da gelatina (Lysenko, 1961).

3.4.1.4. Ensaio de produção de indole

A produção de indol foi testada através da inoculação dos isolados bacterianos em caldo de triptona. A produção de indol durante o crescimento foi detectada através da adição do reagente de Kovac, que produziu uma camada vermelho-cereja para uma reação positiva (Gillus, 1956).

Composição do reagente de Kovac

p-dimetil amino benzaldeído   :   5.0 g

Álcool amílico   :   75 ml

Ácido clorídrico (conc.)   :   25 ml

3.4.1.5. Vermelho de metilo - Teste de Voges Proskauer

Estes testes foram efectuados para diferenciar as bactérias que produzem ácido das que produzem acetoína, um produto neutro. A positividade do vermelho de metilo foi observada pela mudança de cor do meio de amarelo para vermelho. Os testes de Voges Proskauer foram registados como positivos pelo desenvolvimento de cor vermelha pela adição dos reagentes de Baritt (O'meara, 1931).

Composição do reagente de Baritt

Teste Voges Proskaeur

Reagente de Baritt

Solução A

α-naftol   :   1,0 g

Etanol   :   100,0 ml

Solução B

40 % Hidróxido de potássio

3.5. CARACTERIZAÇÃO DOS ISOLADOS FÚNGICOS

As culturas fúngicas purificadas foram caracterizadas pela sua morfologia, caraterísticas hifais, presença ou ausência de esporos assexuados, disposição dos conídios e estruturas reprodutivas (Alexopolus e MiMs, 1979; Beisher, 1991).

3.6. MEIO, MÉTODO E CONDIÇÕES DO TESTE DE RASTREIO QUANTITATIVO (Primeiro inquérito)

3.6.1. Meio de produção de enzimas pectinolíticas

Este suporte é constituído pela parte (A) e pela parte (B).

A parte (A) continha (g/l): $NaNO_3$, 2; KH_2PO_4, 1; KCl, 0,5; $MgSO_4 \cdot 7H_2O$, 0,5; extrato de levedura, 1. Estes conteúdos foram dissolvidos em 40 ml de água destilada. O pH foi ajustado a pH 7 por NaOH (5 %, p/v). A parte (B) continha (g/l): pectina, 5, dissolvida em 10 ml de água destilada. As duas partes (A) e (B) foram autoclavadas durante 20 minutos à pressão atmosférica de 1,5 e misturadas após a autoclavagem. Este meio foi inoculado com isolados bacterianos. O meio foi incubado a 37 °C durante 96 horas.

Em seguida, a produtividade pectinolítica e a atividade foram testadas no meio de ensaio da pectinase.

3.6.2. Ensaio de atividade de produção de pectinase

Este meio continha (g/l): pectina, 1; goma arábica, 5; ágar-ágar, 15, estes conteúdos dissolvidos em tampão citrato-fosfato a pH 6. Foi autoclavado a 1,5 pressão atmosférica durante 20 minutos. Foram vertidas placas do mesmo tamanho com quantidades iguais de meio de ensaio da pectinase em cada placa de Petri. Após arrefecimento, foram feitos três poços em cada placa com um poro de cortiça esterilizado. Cada poço foi inoculado com 0,1 ml de filtrado preparado por filtração do caldo que cresceu em meio de produção de enzimas pectinolíticas com papel de filtro. Estas placas foram inoculadas a 37 °C durante 24 horas. Em seguida, as zonas de limpeza do meio após a adição da solução de iodo de Logule foram investigadas e tomadas como critério para determinar a produtividade pectinolítica.

3.6.3. Meios, métodos e condições do teste de rastreio qualitativo (segundo inquérito)

Meio de produção de enzimas pectinolíticas (Pepm): este meio continha os ingredientes principais do meio basal suplementado com cascas de batata, cascas de *Solanum tuberosum* (ST), cascas de laranja e mistura de cascas de citrinos (2% p/v) separadamente. O pH deste meio foi ajustado a 7 dissolvendo o seu conteúdo em tampão citrato-fosfato (pH 7). Foi autoclavado à pressão atmosférica de 1,5 durante 20 minutos. Este meio foi inoculado com os isolados bacterianos em estudo. Este meio foi incubado a 37 °C durante 96 horas e, em seguida, testado quanto à produtividade pectinolítica no meio de ensaio de poligalactunase, como mencionado anteriormente.

3.7. ENSAIO DE ENZIMAS PECTINOLÍTICAS

3.7.1. Pectina esterase

A atividade da pectina esterase pode ser medida através da medição da quantidade de metanol libertado ou do aumento do grupo carboxilo livre por titulação utilizando um medidor de pH (Talboys e Buscn, 1970). Para avaliar a atividade da pectina esterase, 20 ml de uma percentagem de pectina dissolvida em NaCl 0,15 M (pH 7,0) e 4 ml de extrato enzimático bruto foram colocados num copo e incubados durante uma hora. Após a incubação, a solução foi titulada com NaOH 0,02 N para atingir o pH 7,0 utilizando fenolftaleína como indicador. O extrato enzimático bruto aquecido foi utilizado como controlo. A atividade da pectina esterase foi calculada utilizando a seguinte fórmula:

Atividade da pectina esterase: V_s - Vb (normalidade do NaOH) $\times$ 100/V_t

Onde

V_s Volume de NaOH utilizado para titular a   amostra   (ml)

V_b : Volume de NaOH utilizado para titular a placa (ml)

V : Volume da mistura de incubação (ml)

t :Tempo de reação (horas)

A atividade da pectina esterase é expressa em mili equivalentes de NaOH consumidos min^{-1} ml^{-1} de extrato enzimático bruto nas condições de ensaio.

3.7.2. . Pectato liase

A atividade de pectato liase das culturas isoladas foi avaliada medindo o aumento da absorvância a 232 nm devido à produção de ligações insaturadas durante a despolimerização do ácido galacturónico (Kapat *et al.*, 1998). A mistura de reação foi preparada com 2,5 ml de pectato de sódio 0,5 por cento dissolvido em tampão Tris HCl 50 mM (Sigma) e cloreto de cálcio 1mM e a atividade foi medida a 232 nm. O extrato enzimático bruto aquecido a alta temperatura foi mantido como controlo. Uma unidade de atividade de pectato liase foi definida como a quantidade de enzima que fez aumentar a absorvância a 232 nm a uma taxa de 0,1 DO min^{-1} ml^{-1} de extrato enzimático bruto nas condições de ensaio.

3.8. EFEITO DE DIFERENTES NÍVEIS DE PECTINA NAS ENZIMAS PECTINOLÍTICAS

Para descobrir o nível ótimo de pectina no meio para a indução de enzimas pectinolíticas, as culturas bacterianas com 24 horas de idade foram inoculadas em meio contendo 0,5, 1,0 e 1,5 por cento de pectina e incubadas num agitador rotativo (100 rpm) durante 48 horas à temperatura ambiente. Após o crescimento, o caldo de cultura foi centrifugado a 10.000 rpm durante 15 minutos. O sobrenadante foi recolhido e utilizado para o ensaio de diferentes actividades enzimáticas pectinolíticas. Para os fungos, as culturas foram cultivadas em meio contendo pectina a 0,5, 1,0 e 1,5 por cento cada. Após 5 dias, os tapetes fúngicos foram removidos por filtragem em papel de filtro Wahtman n.º 1 e, em seguida, o filtrado foi centrifugado a 10 000 rpm durante 15 minutos e utilizado para o ensaio de enzimas pectinolíticas.

3.9. EFEITO DE DIFERENTES CONCENTRAÇÕES DE SACAROSE NA ACTIVIDADE DA PECTINASE.

Para descobrir o efeito de diferentes fontes de sacarose na atividade das enzimas pectinase, foram preparados meios com o melhor nível de pectina (1 por cento) para bactérias e fungos, juntamente com sacarose em quatro níveis diferentes (0,1, 0,2, 0,3 e 0,4 por cento) e incubados à temperatura ambiente num agitador rotativo a 100 rpm e os extractos foram utilizados para o ensaio de enzimas.

3.10. EFEITO DE DIFERENTES NITRATOS DE   AMÓNIO CONCENTRAÇÕES NA ACTIVIDADE DA PECTINASE

Para descobrir o efeito de diferentes concentrações de nitrato de amónio na atividade das enzimas pectinase, foram preparados meios com o melhor nível de pectina (1 por cento) para bactérias e fungos, juntamente com nitrato de amónio em quatro níveis diferentes (0,1, 0,2, 0,3 e 0,4 por cento) e incubados à temperatura ambiente num agitador rotativo a 100 rpm e os extractos foram utilizados para o ensaio das enzimas.

3.11. PRODUÇÃO DE ENZIMAS PECTINOLÍTICAS POR FERMENTAÇÃO SUBMERSA UTILIZANDO CULTURAS BACTERIANAS E FÚNGICAS

Para determinar a eficiência das culturas fúngicas na produção de enzimas pectinolíticas a partir de resíduos de cascas de fruta por fermentação submersa, foram retirados 50 g de resíduos de cascas de fruta e transformados em pó. Foram adicionados 100 ml de água e o pH foi ajustado para 5,0. Foi esterilizado a 15 lb durante 15 minutos e depois inoculado com culturas de fungos e incubado à temperatura ambiente. No 8th dia de fermentação, foi filtrado através de papel de filtro Whatman No. 1 e depois centrifugado a 10.000 rpm durante 15 minutos. Este extrato enzimático bruto foi utilizado para medir a atividade da pectinase. Para determinar o efeito do nitrato de amónio na produção de pectinase, foi pulverizado nitrato de amónio nos resíduos a 0,2 por cento como indutor. As amostras foram retiradas e extraídas com uma proporção adequada de água (1:2) e as enzimas pectinolíticas foram testadas.

3.12. PRODUÇÃO DE ENZIMAS PECTINOLÍTICAS POR FERMENTAÇÃO EM ESTADO SÓLIDO UTILIZANDO CULTURAS BACTERIANAS E FÚNGICAS

Para extrair o complexo enzimático da pectinase de culturas fúngicas cultivadas em cascas de fruta, os resíduos foram colocados em tabuleiros metálicos e humedecidos com água para manter a humidade a 50%. Os tabuleiros foram cobertos com um pano de musselina e esterilizados. Após a esterilização, as culturas de fungos cultivadas no caldo de Czapeck modificado foram pulverizadas sobre os substratos e incubadas à temperatura ambiente. O teor de humidade do tabuleiro foi monitorizado periodicamente e foi pulverizado com água para evitar a secagem do substrato. As amostras foram retiradas após oito dias de fermentação e as actividades enzimáticas foram medidas.

Para descobrir o efeito do nitrato de amónio na produção de pectinase em fermentação em estado sólido, o nitrato de amónio foi pulverizado nos resíduos a 0,2 por cento como indutor. As amostras foram retiradas e extraídas com uma proporção adequada de água (1:2) e as enzimas pectinolíticas foram testadas.

4. RESULTADOS

4.1. ISOLAMENTO E CARACTERIZAÇÃO DE BACTÉRIAS E FUNGOS PECTINOLÍTICOS DE RESÍDUOS DE CASCAS DE FRUTA

Os microrganismos pectinolíticos foram isolados dos resíduos de descasque de fruta e as bactérias foram submetidas a vários testes bioquímicos e identificadas com base no "Bergey's manual of determinative bacteriology" (Buchanan e Gibson, 1994). As caraterísticas de dois isolados bacterianos, *Pseudomonas* sp. e *Bacillus* sp., são apresentadas no Quadro 1 e no Quadro 2.

Os fungos isolados de resíduos de cascas de fruta foram submetidos a coloração com azul de algodão Lactofenol e plaqueamento em ágar dextrose de Sabouraud e identificados com base em "A manual of soil fungi" (Gilman, 1975) e Introductory mycology (Alexopolus e Mims, 1985). Foram examinadas as caraterísticas dos três isolados fúngicos, *nomeadamente, Aspergillus niger, Aspergillus flavus* e *Penicillium chrysogenum.*

Quadro - 1: Caraterísticas de *Pseudomonas* sp.

S. Não.	Teste	Resultados
1.	Coloração de Gram	Hastes delgadas Gram negativas
2.	Motilidade	Ativamente móvel
3.	Catalase	Positivo
4.	Oxidase	Positivo
5.	Ágar nutriente	Colónias produtoras de pigmentos difusíveis de cor verde
6.	Ágar MacConkey	Colónias que não fermentam a lactose
7.	Fermentação da glucose	Não fermentado
8.	Fermentação com manitol	Não fermentado
9.	Fermentação com dextrose	Não fermentado
10.	Fermentação da sacarose	Não fermentado
11.	Indole	Negativo
12.	Teste do vermelho de	Negativo

		metilo
13.	Teste Voges Proskauer	Negativo
14.	Utilização de citratos	Positivo
15.	Urease	Positivo
16.	ETI	Bunda alcalina, inclinação alcalina. Sem H_2S e sem produção de gás
17.	Ensaio O-F	Oxidativo
18.	Hidrólise da caseína	Positivo

Quadro - 2: Caraterísticas de *Bacillus* sp.

S. Não.	Teste	Resultados
1.	Coloração de Gram	Bastonetes Gram positivos, grossos e curtos.
2.	Endosporo	Esporos centrais presentes
3.	Motilidade	Não-móveis
4.	Catalase	Positivo
5.	Oxidase	Negativo
6.	Ágar nutriente	Colónias grandes, circulares, brancas, aderentes, com crescimento membranoso
7.	Ágar MacConkey	Colónias que não fermentam a lactose
8.	Fermentação da glucose	Ácido produzido
9.	Fermentação com manitol	Ácido produzido
10.	Fermentação da sacarose	Não fermentado
11.	Fermentação com dextrose	Não fermentado
12.	Indole	Negativo
13.	Teste do vermelho de metilo	Negativo
14.	Teste Voges Proskauer	Positivo
15.	Utilização de citratos	Positivo
16.	Ensaio O-F	Positivo
17.	Redução de nitratos	Positivo
18.	Hidrólise da gelatina	Positivo

| 19. | Hidrólise do amido | Positivo |
| 20. | Urease | Negativo |

4.1.1. Caraterísticas de *Aspergillus niger*

Exame microscópico

Estipe conidióforo de paredes lisas, hialino ou pigmentado. Vesículas sub-esféricas, cabeças conidiais radiadas. Células conidiogénicas bisseriadas. Medula duas vezes mais longa que as fiálides. Conídios castanhos, ornamentados com verrugas e cristas. As hifas são septadas.

Morfologia das colónias na placa SDA

Colónias negras, constituídas por um denso feltro de conidióforos.

A partir destes resultados, o isolado fúngico - I foi identificado como *Aspergillus niger*.

4.1.2. Caraterísticas do *Aspergillus flavus*

Exame microscópico

Estipes conidióforos com paredes rugosas, vesículas hialinas esféricas, cabeças conidiais radiadas, unitárias e bisseriadas. Conídios equinulados, esféricos ou subesféricos, escleróticos podem estar presentes. As hifas são septadas.

Morfologia das colónias na placa SDA

Colónias amareladas - verdes, constituídas por um denso feltro de conidióforos.

4.1.3. Caraterísticas do *Penicillium chrysogenum*

Exame microscópico

Hifas septadas com conidióforos ramificados ou não ramificados que têm ramos secundários conhecidos como medula. Na medula estão dispostos esterigmas em forma de frasco que contêm cadeias não ramificadas de conídios redondos. Toda a estrutura forma uma borda em forma de escova.

Morfologia das colónias na placa SDA

A superfície das colónias é inicialmente branca, tornando-se depois verde-azulada pulverulenta com um bordo branco. Algumas espécies diferem no aspeto grosseiro. O verso da colónia era branco.

4.2. RASTREIO DE CULTURAS COM BASE NA ACTIVIDADE PECTINOLÍTICA

A cultura isolada foi selecionada para estudos posteriores com base na atividade de enzimas pectinolíticas, como a pectina esterase e a pectato liase (PL). Entre os isolados bacterianos, *Pseudomonas* sp. e *Bacillus* sp. registaram actividades máximas de pectinase (Quadro - 3). As culturas fúngicas *viz.*, *Aspergillus niger, Aspergillus flavus* e *Penicillium chrysogenum* exibiram as actividades enzimáticas pectolíticas mais elevadas e, por conseguinte, estes isolados foram selecionados para outras experiências (Placa 1 & 2).

4.3. EFEITO DA PECTINA NA ACTIVIDADE DA PECTINASE BACTERIANA

4.3.1. Pectina esterase

Entre as culturas bacterianas, *Bacillus* sp. registou uma atividade de pectina esterase mais elevada (0,14 meq de NaOH/min/ml) a uma concentração de 1% de pectina, seguida de *Pseudomonas* sp. (0,13 meq de NaoH/min/ml). O isolado *Pseudomonas* apresentou atividade máxima (0,12 meq de NaOH/min/ml) a 1,5 por cento de concentração de pectina. Em geral, ambas as culturas bacterianas registaram a atividade enzimática máxima a uma concentração de 1% de pectina (Quadro - 4).

4.3.2. Pectato liase

Em geral, a atividade da pectato liase dos isolados bacterianos foi máxima a uma concentração de 1% de pectina. *A* atividade máxima (2,3 unidades/ml) foi registada em *Bacillus* sp. Entre os isolados bacterianos, *Pseudomonas* sp. apresentou a menor atividade de 1,4 unidades/ml (Quadro - 5).

4.4. EFEITO DA PECTINA NA ACTIVIDADE DA PECTINASE FÚNGICA

4.4.1. Pectina esterase

As actividades de pectina esterase dos isolados fúngicos foram apresentadas na Tabela - 6. Os resultados revelaram que o isolado fúngico *Aspergillus niger* registou a atividade máxima (0,23 meq de NaOH/min/ml) a um por cento de concentração de pectina, enquanto a mesma cultura registou apenas 0,17 e 0,18 meq de NaoH/min/ml a 0,5 e 1,5 por cento de concentração de pectina, respetivamente. A menor atividade enzimática foi observada em *Penicillium chrysogenum* nos três níveis de pectina.

4.4.2. Pectato liase

Os três isolados fúngicos pectinolíticos testados quanto à atividade de pectato liase, *Penicillium chrysogenum* registou a atividade máxima a um por cento de concentração de pectina (2,6 unidades/ml) seguido de 2,4 unidades/ml a 1,5 por cento de concentração. A seguir ao *Penicillium,* o isolado fúngico *Aspergillus niger* registou uma atividade máxima de 2,4 unidades/ml a uma concentração de 1%. Em geral, a atividade de pectato liase de todas as culturas foi máxima a uma concentração de um por cento do que a níveis de 0,5 e 1,5 por cento. (Tabela - 7).

Quadro - 3: Actividades pectinolíticas das culturas de resíduos de cascas de frutos

Organismo	Pectina esterase ( )[a]	Pectato Liase (b)
Bactérias		
Bacillus sp.	0.04	0.76
Pseudomonas sp.	0.06	0.92
Fungos		
Aspergillus niger	0.09	0.92
Aspergillus flavus	0.12	1.36
Penicillium chrysogenum	0.07	0.86

a - meq. de NaoH consumido / min /ml

b - Unidade / ml

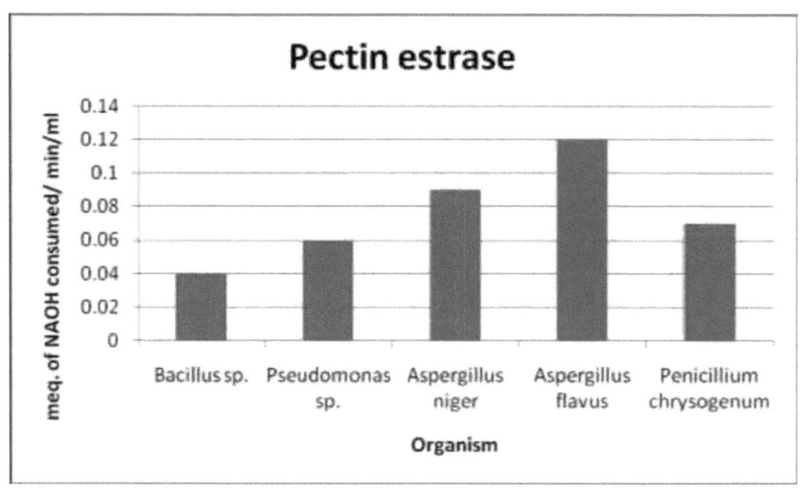

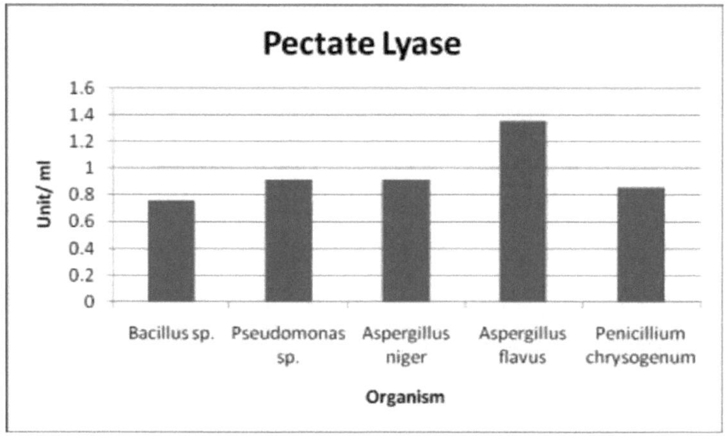

Figura - 1: Atividade pectinolítica das culturas de resíduos de descasque de fruta

Quadro - 4: Efeito da pectina na atividade da pectinase bacteriana (pectina esterase)

S. Não	Organismos	Pectina esterase (meq de NaoH/ min/ml)
		Teor de pectina (%)

		0.5	1.0	1.5
1	*Bacillus* sp.	0.07	0.14	0.08
2	*Pseudomonas* sp.	0.08	0.13	0.09

Quadro - 5: Efeito da pectina na atividade da pectinase bacteriana (pectato liase)

		Pectato liase (unidade/ml)		
		Nível de pectina (%)		
S.N.	Organismo	0.5	1.0	1.5
1	*Bacillus* sp.	1.2	2.3	1.8
2	*Pseudomonas* sp.	1.3	1.4	1.1

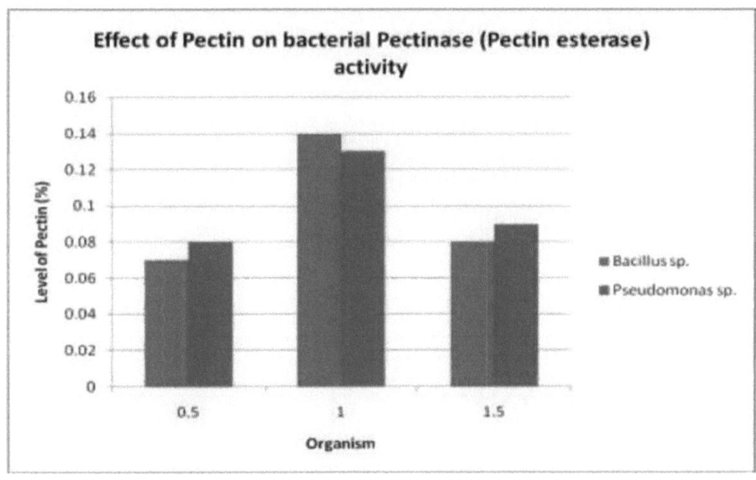

Figura - 2: Efeito da pectina na atividade da pectina esterase bacteriana

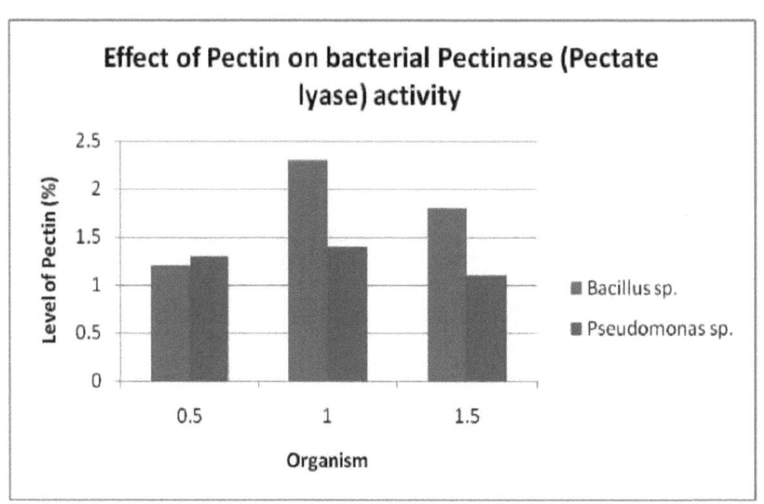

Figura - 3: Efeito da pectina na atividade da pectato liase bacteriana

Tabela - 6: Efeito da pectina nas actividades da pectinase fúngica (pectina esterase)

S. Não	Organismo	Pectina esterase (meq de NaOH/min/ml)		
		Nível de pectina (%)		
		0.5	1.0	1.5
1	*Aspergillus niger*	0.17	0.23	0.18
2	*Aspergillus flavus*	0.14	0.18	0.16
3	*Pénicillium chrysogenum*	0.13	0.17	0.15

Tabela - 7: Efeito da pectina nas actividades da pectinase fúngica (pectato liase)

S. Não	Organismo	Pectato liase (unidade/ml)		
		Teor de pectina (%)		
		0.5	1.0	1.5
1	*Aspergillus niger*	2.2	2.4	2.0

| 2 | *Aspergillus flavus* | 1.4 | 2.1 | 1.2 |
| 3 | *Penicillium chrysogenum* | 1.4 | 2.6 | 2.4 |

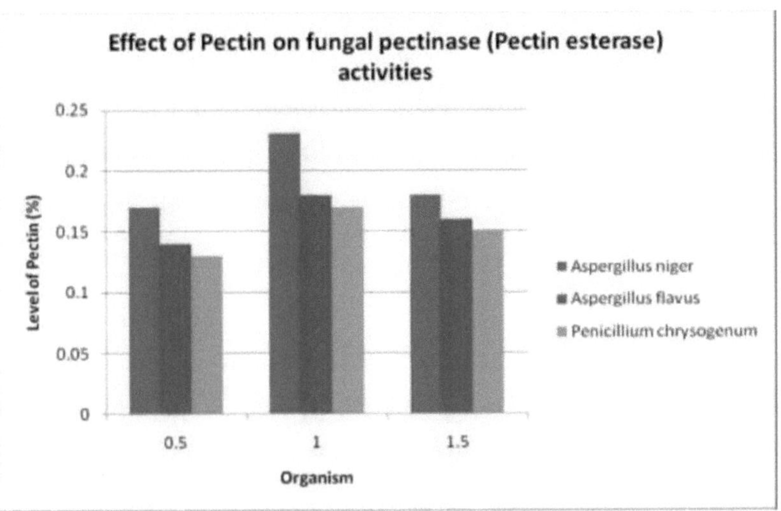

Figura - 4: Efeito da pectina na atividade da pectina esterase fúngica

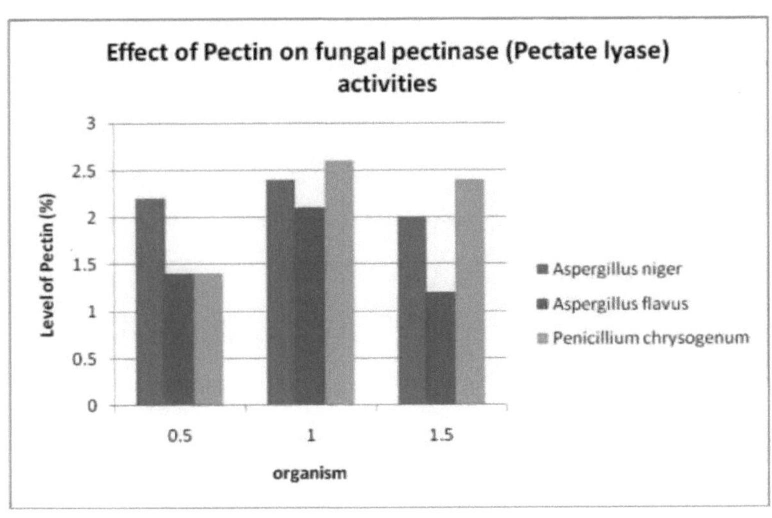

Figura - 5: Efeito da pectina na atividade da pectato liase fúngica

4.6. EFEITO DA SACAROSE NA ACTIVIDADE DA PECTINASE

BACTERIANA E FÚNGICA.

4.6.1. Pectina esterase

A atividade de pectina esterase das culturas bacterianas cultivadas em meio contendo diferentes concentrações de sacarose é apresentada no Quadro 8. Entre os isolados bacterianos e fúngicos, *o Aspergillus niger* registou a atividade máxima de pectina esterase (0,43 meq de NaOH/ min/ml), seguido do *Aspergillus flavus* e do *Penicillium chrysogenum*. Os isolados bacterianos *Bacillus* sp (0,19 meq de NaOH/ min/ml) e *Pseudomonas* sp. (0,17 meq de NaOH/ min/ml) registaram a menor atividade de pectina esterase.

4.6.2. Pectato liase

A atividade de pectato liase das culturas bacterianas cultivadas em meio contendo diferentes concentrações de sacarose é apresentada no Quadro 9. Entre os isolados bacterianos e fúngicos, *Aspergillus niger* registou a atividade máxima de pectina esterase (1,46 unidades/ml), seguido de *Aspergillus flavus* e *Penicillium chrysogenum*. Os isolados bacterianos *Bacillus* sp (1,32 unidades/ml) e *Pseudomonas* sp. (0,71 unidades/ml) registaram a menor atividade de pectina esterase.

Tabela - 8: Efeito da sacarose na atividade da pectina esterase bacteriana e fúngica

S. Não	Organismo	Pectina esterase (meq de NaOH/ min/ml)			
		Sacarose			
		0.1%	0.2%	0.3%	0.4%
1	*Bacillus* sp.	0.05	0.08	0.13	0.19
2	*Pseudomonas* sp.	0.04	0.06	0.07	0.17
3	*Aspergillus niger*	0.12	0.25	0.38	0.43
4	*Aspergillus flavus*	0.09	0.20	0.31	0.40

| 5 | *Penicillium chrysogenum* | 0.07 | 0.09 | 0.15 | 0.26 |

Tabela - 9: Efeito da sacarose na atividade da pectato liase bacteriana e fúngica

S. Não	Organismo	Pectato liase (unidade/ml) Sacarose			
		0.1 %	0.2 %	0.3 %	0.4 %
1	*Bacillus* sp.	1.12	1.23	1.28	1.32
2	*Pseudomonas* sp.	0.46	1.54	0.63	0.71
3	*Aspergillus niger*	1.12	1.21	1.30	1.46
4	*Aspergillus flavus*	1.09	1.19	1.27	1.42
5	*Penicillium chrysogenum*	1.04	1.15	1.23	1.36

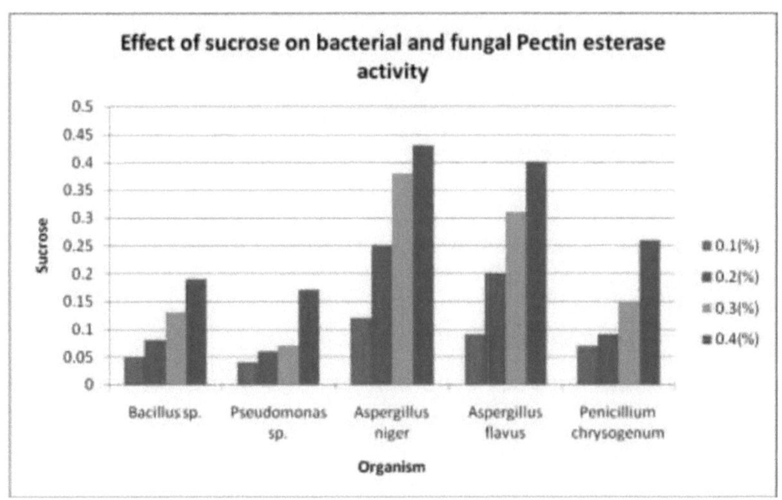

Figura - 6: Efeito da sacarose na atividade da pectina esterase

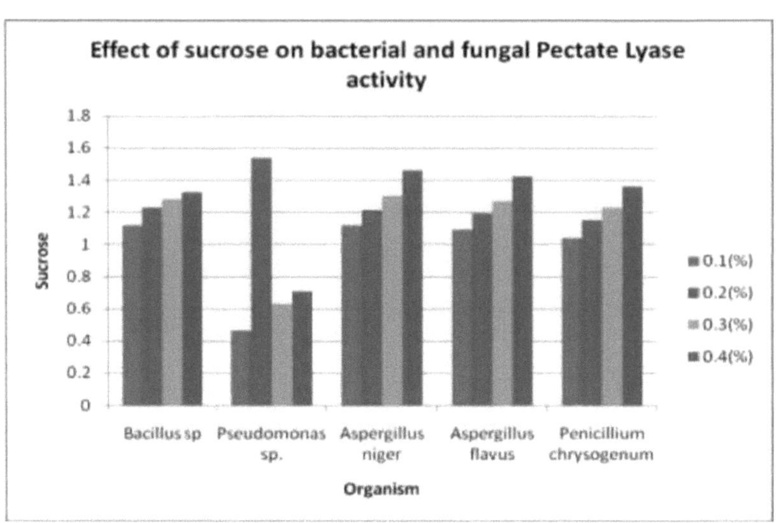

Figura - 7: Efeito da sacarose na atividade da pectato liase

4.7. EFEITO DO NITRATO DE AMÓNIO NA ACTIVIDADE DA PECTINASE BACTERIANA E FÚNGICA

4.7.1. Pectina esterase

A atividade de pectina esterase das culturas bacterianas cultivadas em meio contendo diferentes concentrações de nitrato de amónio é apresentada no Quadro - 10. Entre os isolados bacterianos e fúngicos, *Aspergillus niger* registou a atividade máxima de pectina esterase (0,43 meq de NaOH/ min/ml), seguido de *Aspergillus flavus* e *Penicillium chrysogenum*. Os isolados bacterianos *Bacillus* sp (0,19 meq de NaOH/ min/ml) e *Pseudomonas* sp. (0,17 meq de NaOH/ min/ml) registaram a menor atividade de pectina esterase.

4.7.2. Pectato liase

A atividade de pectato liase das culturas bacterianas cultivadas em meio contendo diferentes concentrações de nitrato de amónio é apresentada no Quadro 11. Entre os isolados bacterianos e fúngicos, *Aspergillus niger* registou a atividade máxima de pectina esterase (1,37 unidades/ml), seguido de *Aspergillus flavus* e *Penicillium chrysogenum*. Os isolados bacterianos *Bacillus* sp (1,23 unidades/ml) e *Pseudomonas* sp. (0,62 unidades/ml) registaram a menor atividade de pectina esterase.

Quadro - 10: Efeito do nitrato de amónio na atividade da pectina esterase bacteriana e fúngica

S. Não	Organismo	Pectina esterase (meq de NaOH/min/ml)			
		Nitrato de amónio			
		0.1 %	0.2 %	0.3 %	0.4 %
1	*Bacillus* sp.	0.02	0.04	0.08	0.15
2	*Pseudomonas* sp.	0.01	0.03	0.07	0.13
3	*Aspergillus niger*	0.07	0.20	0.33	0.38
4	*Aspergillus flavus*	0.04	0.15	0.26	0.35
5	*Penicillium chrysogenum*	0.03	0.05	0.10	0.21

Quadro - 11: Efeito do nitrato de amónio na atividade da pectato liase bacteriana e fúngica

S. Não	Organismo	Pectato liase (unidade/ml)			
		Nitrato de amónio			
		0.1 %	0.2 %	0.3 %	0.4 %
1	*Bacillus* sp.	1.02	1.14	1.19	1.23
2	*Pseudomonas* sp.	0.36	1.45	0.54	0.62
3	*Aspergillus niger*	1.02	1.12	1.21	1.37
4	*Aspergillus flavus*	1.03	1.10	1.18	1.33
5	*Penicillium chrysogenum*	1.01	1.06	1.14	1.27

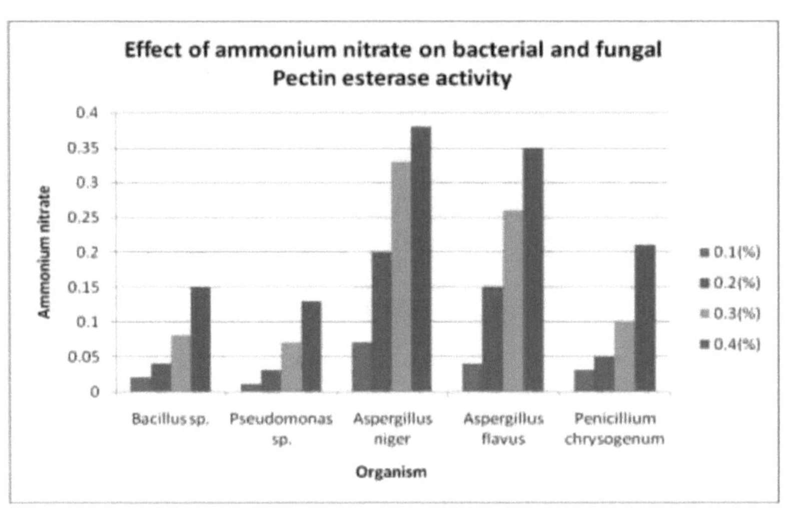

Figura - 8: Efeito do nitrato de amónio na atividade da pectina esterase

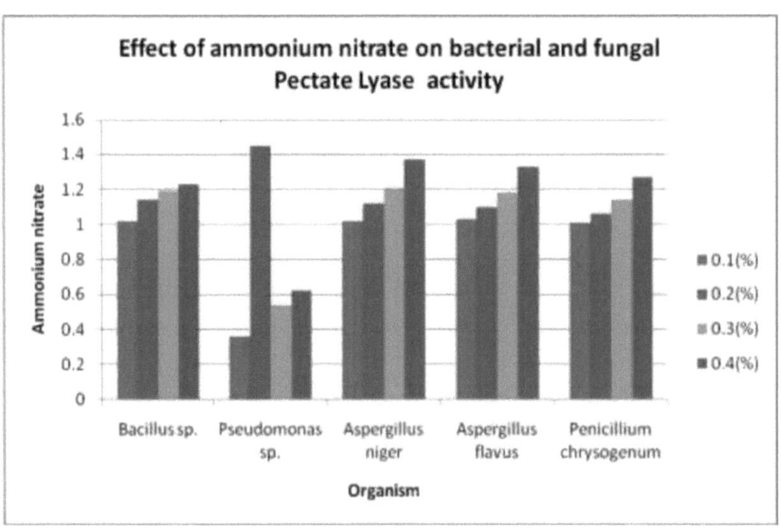

Figura - 9: Efeito do nitrato de amónio na atividade da pectato liase

4.8. PRODUÇÃO DE PECTINASE A PARTIR DE RESÍDUOS DE CASCAS DE FRUTOS POR FERMENTAÇÃO SUBMERSA

As actividades de pectinase das culturas cultivadas em resíduos de casca de fruta sob fermentação submersa são apresentadas na Tabela - 12. Entre os isolados fúngicos utilizados para o estudo, o isolado *Aspergillus flavus* registou actividades máximas de pectina esterase (0,35 meq de NaOH/min/ml) e pectato liase (2,3 unidades/ml). O isolado *Penicillium chrysogenum* registou 0,30 meq de NaoH/min/ml de pectina esterase e 1,2 unidades/ml de pectato liase. Em geral, a adição de nitrato de amónio aumentou as actividades das quatro enzimas pectinase. A atividade mais elevada das quatro enzimas foi registada em *Aspergillus flavus*. Este isolado registou uma atividade máxima de pectina esterase de 0,39 meq de NaOH/min/ml e de pectato liase de 3,2 unidades/ml.

4.9. PRODUÇÃO DE PECTINASE A PARTIR DE RESÍDUOS DE CASCAS DE FRUTA POR FERMENTAÇÃO EM ESTADO SÓLIDO

Os resíduos de cascas de fruta foram inoculados com as culturas fúngicas pectinolíticas em fermentação em estado sólido e são apresentados na Tabela - 13. Em geral, as actividades enzimáticas de todas as culturas em fermentação em estado sólido foram superiores às actividades enzimáticas da fermentação submersa. Todas as três culturas fúngicas apresentaram um nível apreciável de enzimas pécticas utilizando resíduos de cascas de fruta. O organismo *Penicillium chrysogenum* mostrou actividades máximas de pectina esterase (0,42 meq. de NaoH/min/ml) e o isolado *Aspergillus flavus* mostrou 3,1 unidades/ml de atividade de pectato liase. A adição de nitrato de amónio aumentou as actividades enzimáticas pectinolíticas dos resíduos de casca de fruta inoculados com diferentes culturas de fungos. O isolado fúngico *Aspergillus flavus* apresentou uma atividade máxima de pectina esterase de 0,52 meq. de NaOH/min/ml e de petato liase de 4,9 unidades/ml.

Tabela - 12: Produção de pectinase por fermentação submersa

Organismo	Pectina esterase (meq de NaOH/min/ml)		Pectato liase (Unidade/ml)	
	Controlo	Com nitrato de amónio	Controlo	Com nitrato de amónio
Aspergillus niger	0.17	0.33	1.0	1.2

| *Aspergillus flavus* | 0.35 | 0.39 | 2.3 | 3.2 |
| *Penicillium chrysogenum* | 0.30 | 0.37 | 1.2 | 1.7 |

Tabela - 13: Produção de pectinase por fermentação em estado sólido

Organismo	Pectina esterase (meq de NaOH/min/ml)		Pectato liase (Unidade/ml)	
	Controlo	Com nitrato de amónio	Controlo	Com nitrato de amónio
Aspergillus niger	0.38	0.45	1.9	2.5
Aspergillus flavus	0.31	0.52	3.1	4.9
Penicillium chrysogenum	0.42	0.50	1.2	2.9

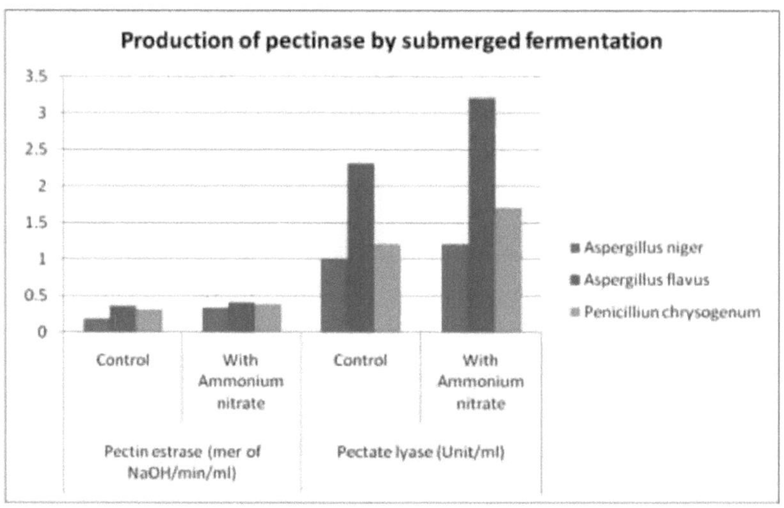

Figura - 10: Produção de pectinase por fermentação submersa

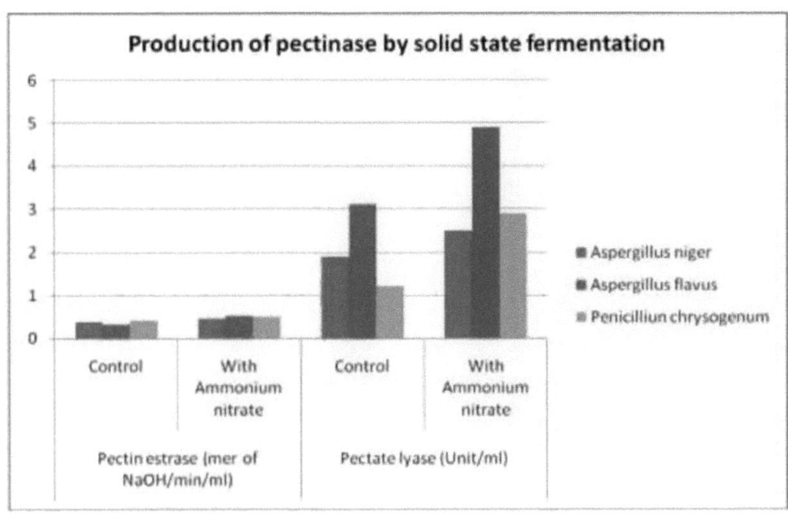

Figura - 11: Produção de pectinase por fermentação em estado sólido

Placa 1: *Aspergillus flavus*

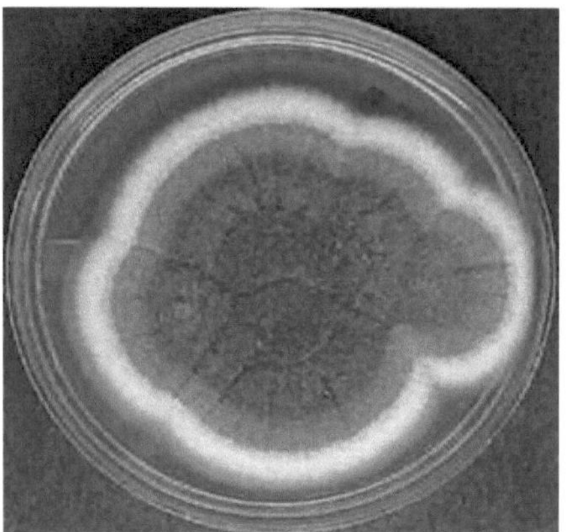

Placa 2: *Aspergillus niger*

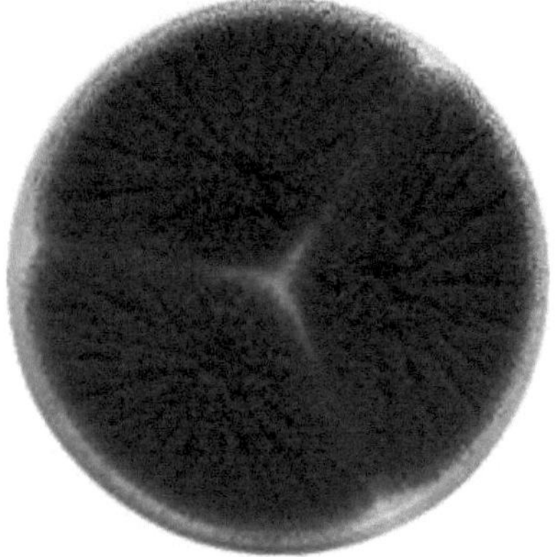

Placa 3: *Penicillium chrysogenum*

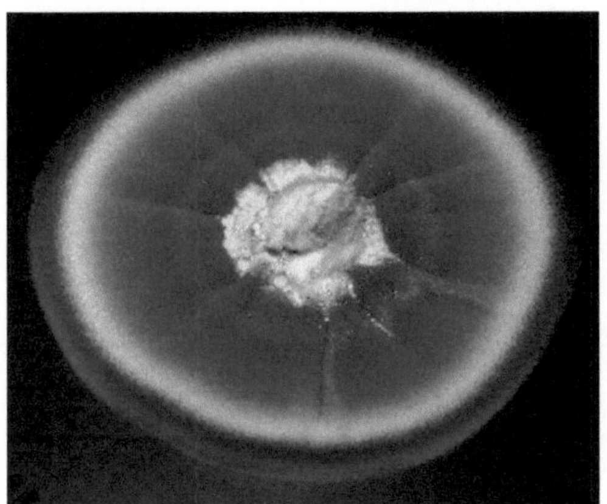

Placa 4: Cultura de bactérias pectinolíticas

Placa 5: Produção de pectinase por fermentação submersa

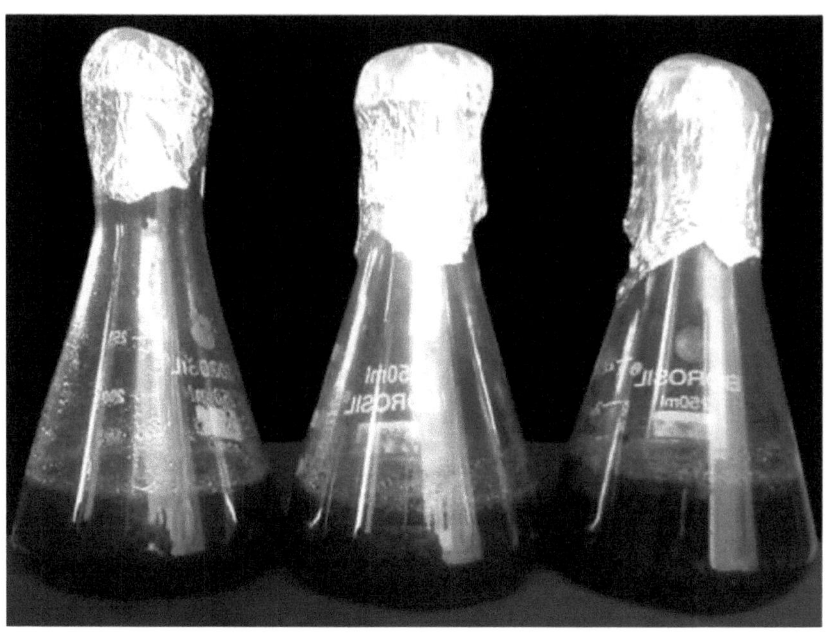

Placa 6: Produção de pectinase por fermentação em estado sólido

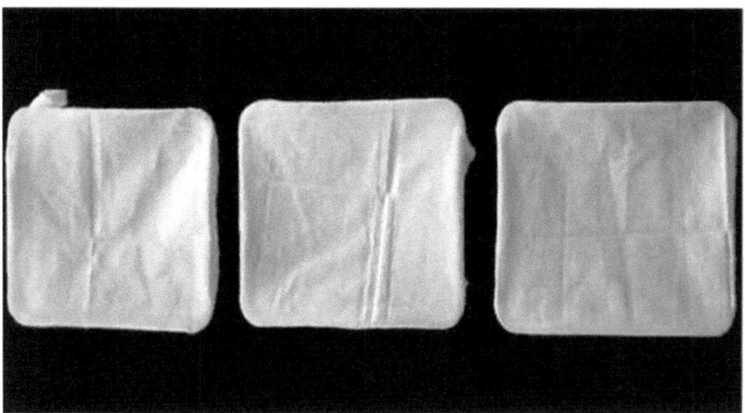

5. DISCUSSÃO

5.1.. Micróbios associados aos resíduos de cascas de frutos

Duas bactérias pectinolíticas e três culturas de fungos foram isoladas de resíduos de fruta e caracterizadas com base em várias reacções bioquímicas. Os isolados bacterianos foram identificados como *Bacillus* e *Pseudomonas*, enquanto os isolados fúngicos foram caracterizados como *Aspergillus niger, Aspergillus flavus* e *Penicilium chrysogenum*. Os resultados dos isolados confirmaram as descobertas de Rolz *et al.* (1982) e Roussos *et al.* (1995) que relataram que as bactérias pectinolíticas eram a fração importante da população microbiana em resíduos de frutos inteiros e frutos despolpados.

Verificou-se que os organismos pectonolíticos isolados a partir de resíduos de cascas de fruta produzem uma série de enzimas pectinolíticas designadas coletivamente por pectinases. Todas as culturas bacterianas registaram quantidades significativas de enzimas pectinolíticas, como a pectina esterase e a pectato liase. Os níveis mais elevados de actividades de pectinase foram expressos pelo isolado bacteriano *Pseudomonas* sp. Ward e Fogarty (1974) e Chatterjee *et al.* (1979) também referiram que várias bactérias como *Erwinia* sp., *Pseudomonas* sp., *Bacillus* sp., eram capazes de produzir pectinases. Os resultados do presente estudo também confirmam as conclusões de McMillan *et al.* (1992), Weber *et al.* (1996) e Liao *et al.* (1996).

Muitas espécies de fungos são capazes de degradar a pectina através da produção de enzimas pécticas. Verificou-se também que os isolados fúngicos de resíduos de polpa de fruta produzem pectinases. A produção de enzimas de pectina por fungos como *Alternaria, Cladosporium, Colletotrichum, Mucor, Penicillium* e *Trichoderma* foi confirmada por Chesson, (1980), Sakai *et al.* (1993), Isshiki *et al.* (1997) e Kapat *et al.* (1998).

5.2. Efeito da pectina nas enzimas pécticas

Muitos organismos são estimulados a aumentar a síntese de enzimas através da adição de um indutor ao meio de cultura. Este indutor pode ser o substrato da enzima ou a modificação do substrato. Qualquer método que possa fornecer o indutor ao organismo em crescimento reduzirá a repressão do catabolito e resultará num aumento do rendimento enzimático. A maioria das pectinases são enzimas induzíveis e, por conseguinte, deve ser adicionado ao meio um substrato rico em pectina para estimular a produção de enzimas. Para além das propriedades indutoras, a pectina também aumenta a libertação de enzimas pécticas no meio de fermentação. Pandey (1992) também observou a indução de enzimas por substratos.

O efeito da pectina na produção de enzimas pectinolíticas foi estudado através da inoculação de culturas pectinolíticas no meio contendo diferentes níveis de pectina. A presente investigação revelou que, a um por cento de concentração de pectina, foi observada uma atividade máxima de pectina esterase em todos os isolados bacterianos *Bacillus* sp. e *Pseudomonas* sp. As actividades de pectina esterase do isolado *Bacillus sp.* foram significativamente diferentes das *de Pseudomonas* sp. Nagel e Vaugh (1981) observaram a atividade de pectina esterase induzida pela pectina em *Bacillus polymyxa*.

Os isolados de fungos também apresentaram uma atividade de pectina esterase significativamente mais elevada a uma concentração de 1% de pectina. Entre os isolados testados, *o Aspergillus niger* registou a atividade máxima a uma concentração de 1%. Seguiram-se o *Aspergillus flavus* e o *Penicillium chrysogenum*. O resultado confirma as conclusões de McMillan e Permbelon (1995) que observaram uma elevada atividade de pectina esterase a uma concentração de 1% de pectina em *Botrytis cineria*.

A pectato liase efectua uma decomposição não hidrolítica dos pectatos e caracteriza-se por uma divisão transeliminativa do polímero péctico. No presente estudo, *Bacillus* sp. produziu uma atividade máxima de 2,74 unidades ml^{-1} a uma concentração de 1% de pectina. Esta atividade mais elevada pode dever-se ao papel da pectina como indutor da enzima. Zucker e Hankin (1970) também observaram a síntese induzível de pectato liase extracelular em *Erwinia carotovora* e *Pseudomonas fluorescens*. Ganibaldi e Bateman (1971) também observaram a mesma tendência induzível na estirpe de *Xanthomonas compestris var malvacearum* cultivada em ácido poligalacturónico.

A maioria dos fungos necessitou de uma concentração de pectina de 1% para obter uma maior atividade de pectato liase. Na presente investigação, a pectato liase máxima foi exibida pelo fungo *Penicillium chrysogenum* a um por cento de pectina. Uma tendência semelhante na atividade de pectato liase do *Fusarium oxysporum* foi relatada por Pietro e Roncero (1996), que afirmaram que um por cento (p/v) de ácido poligalacturónico aumentava a atividade de pectato liase.

5.3. Efeito de diferentes concentrações de sacarose nas enzimas pécticas

Foi testado o efeito de diferentes concentrações de sacarose na produção de pectinase por culturas microbianas. As culturas bacterianas e fúngicas foram inoculadas no meio preparado com 0,1, 0,2, 0,3 e 0,4 por cento de sacarose. Entre os isolados bacterianos testados no presente estudo, *Bacillus* sp. cultivado em meio de 0,4% de sacarose juntamente com 1% de pectina mostrou atividade enzimática máxima de pectina esterase (0,29 meq. de NaOH min^{-1} ml^{-1}). O fungo *Aspergillus niger* apresentou uma atividade máxima de pectina esterase a 0,4% de concentração de sacarose. Mehta *et al.* (1992) são também da mesma opinião que a adição de açúcares ao meio de fermentação permite ao organismo produzir enzimas sem repressão de catabolitos.

No presente estudo, as culturas pectinolíticas isoladas apresentaram a maior atividade de pectato liase no meio preparado com sacarose e 1% de pectina. Entre os isolados bacterianos usados, o isolado *Bacillus* sp. exibiu atividade máxima de 1,32 unidade ml^{-1} seguido por *Pseudomonas* sp. Em relação aos fungos, a atividade máxima de pectato liase foi exibida por *Aspergillus niger* no meio contendo 0,4% de sacarose. O resultado está de acordo com o relatório de Chatterjee *et al.* (1979), que verificaram que *Erwinia chrysanthemi*, quando cultivada em dois por cento de glucose, produziu 2,42 unidades ml^{-1} de enzima. Elumali e Mahadevan, (1995) também foram da mesma opinião que, em *Pseudomonas marginalis*, a secreção extracelular de pectato liase aumenta com a adição de glucose.

5.4. Efeito de diferentes concentrações de nitrato de amónio nas enzimas da pectina

Foram relatadas diferentes concentrações de nitrato de amónio para aumentar a produção de pectinase. Na presente investigação, foi estudado o efeito do nitrato de amónio na produção de pectinase pelas culturas microbianas. As actividades de pectina esterase dos isolados bacterianos foram máximas em meio suplementado com 0,4% de nitrato de amónio. A mesma tendência foi observada por Papdiwal e Deshpande (1980) em *Xanthomonas malvacearum*, em que o extrato de levedura a um nível de 0,4 a 2,0% estimulou a produção de pectina esterase.

O presente estudo sobre culturas fúngicas registou a maior produção de pectina esterase por *Penicillium chrysogenum* a 0,4 por cento de acetato de amónio. Ikotun, (1984) obteve a produção máxima de pectina esterase (0,50 meq. de NaoH min^{-1} ml^{-1}) com *Penicillium chrysogenum* a 0,1% de pectina cítrica e 0,2% de extrato de levedura. O nitrato de amónio, para além de servir como fonte de azoto, também pode ser considerado como estimulante do crescimento. Esta pode ser a principal razão para o aumento da produção de enzimas no meio com nitrato de amónio.

As actividades de pectato liase da maioria dos isolados bacterianos foram elevadas em meio preparado com extrato de levedura e um por cento de pectina. O isolado bacteriano *Pseudomonas* sp. a 0,4% de nitrato de amónio apresentou uma atividade máxima de pectato liase (1,32 unidades ml^{-1}). No caso dos fungos, *o Aspergillus niger* registou uma atividade enzimática máxima (1,46 unidades ml^{-1}) a 0,4% de nitrato de amónio. Ward e Fogarty (1974) referiram que *Bacillus subtilis* e *Flavobacterium pectinovorum* preferiam glutamina ou extrato de levedura como fonte de azoto e indutor.

5.5. Produção de enzimas pectinase a partir de resíduos de cascas de fruta por fermentação em estado sólido e fermentação submersa

A utilização de resíduos de cascas de fruta, sob uma ou outra forma, é uma necessidade imediata do ponto de vista económico e da proteção ambiental. A produção de pectinases é uma das opções alternativas devido à disponibilidade do substrato quase a preço de saldo. Os resíduos agro-industriais são geralmente considerados como o melhor substrato para o processo de fermentação em estado sólido (Pandey *et al.*, 1999) e, por conseguinte, os resíduos de cascas de fruta foram considerados um substrato ideal para a produção de pectinases.

No presente estudo, apenas os fungos são utilizados para a produção de pectinases a partir de resíduos de cascas de frutas por fermentação em estado sólido. Os fungos filamentosos só podem crescer na ausência de água livre. Em geral, as enzimas hidrolíticas como as pectinases são produzidas por culturas fúngicas, uma vez que tais enzimas são utilizadas na natureza pelos fungos para o seu crescimento. No presente estudo, foram utilizadas espécies de fungos como *Aspergillus niger, Aspergillus flavus* e *Penicillium chrysogenum* para produzir pectinase a partir de resíduos de cascas de fruta. David *et al.* (2000) são também da mesma opinião que, para produzir pectinases comercialmente, podem ser utilizados bolores e não bactérias.

Seguiu-se a fermentação em estado sólido para produzir pectinases a partir de resíduos de cascas de frutos. No presente estudo, a atividade da pectinase também foi menor na fermentação submersa do que na fermentação em estado sólido. Isto está em conformidade com os relatórios de Archana e Satyanarayana (1997) que afirmaram que a produção de enzimas era 22 vezes mais elevada no sistema de fermentação em estado sólido do que no sistema submerso. A utilização de teores de água mais elevados no processo submerso para a produção de enzimas por estirpes microbianas também resulta na diluição do produto no meio de fermentação, em comparação com o processo de fermentação em estado sólido (Lonsane *et al.*, 1985).

6. RESUMO

Os resíduos de cascas de fruta, um dos resíduos sólidos poluentes, foram utilizados para a produção de enzimas pectinase por fermentação em estado sólido e submersa, empregando microrganismos pectinolíticos isolados de resíduos de cascas de fruta. Os parâmetros do processo foram optimizados para melhorar a produção de enzimas. Os resultados das experiências são resumidos a seguir;

> Foram isoladas culturas bacterianas e fúngicas de resíduos de cascas de fruta. As culturas bacterianas foram identificadas como *Bacillus* sp. e *Pseudomonas* sp. e as culturas fúngicas foram identificadas como *Aspergillus niger, Aspergillus flavus* e *Penicillium chrysogenum.*

> Verificou-se que todas as culturas bacterianas e fúngicas produziam um nível apreciável de enzimas pectinolíticas, *nomeadamente* pectina esterase e pectato liase.

> Entre os diferentes níveis de pectina testados, todas as culturas registaram uma atividade máxima de pectinase a uma concentração de 1% de pectina.

> A uma concentração de 1% de pectina, os isolados bacterianos *Pseudomonas* sp. e *Bacillus* sp. apresentaram maior atividade de pectina esterase.

> A atividade máxima de pectato liase foi expressa por *Bacillus* sp. seguida por *Pseudomonas* sp. cultivadas em meio com uma concentração de 1% de pectina.

> A um nível de 1% de pectina, o isolado fúngico *Aspergillus niger* registou o máximo de pectina esterase e *o Penicillium chrysogenum* registou o máximo de atividade de pectato liase.

> Relativamente a diferentes concentrações de sacarose, a 0,4% de sacarose, o isolado bacteriano *Bacillus* sp. produziu a pectina esterase mais elevada, enquanto que o isolado *Bacillus* sp. apresentou a atividade máxima de pectina esterase em meio de glucose.

> Todos os isolados fúngicos mostraram uma atividade máxima de pectina esterase a 0,4 por cento de sacarose. A atividade máxima de pectato liase foi registada por

Aspergillus niger em meio com 0,4 por cento de sacarose.

> Relativamente a diferentes concentrações de nitrato de amónio, foi registada uma maior atividade de pectina esterase pelo isolado *Bacillus* sp. cultivado em meio contendo 0,4 por cento de nitrato de amónio. A atividade máxima de pectato liase foi registada por *Pseudomonas* sp. em meio contendo 0,4 por cento de nitrato de amónio.

> Entre os isolados fúngicos, o *Aspergillus niger* registou uma atividade máxima de pectina esterase a um nível de 0,4% de peptona. O isolado *Aspergillus niger* mostrou uma atividade máxima de pectato liase em meio contendo 0,4 por cento de nitrato de amónio.

> Em fermentação submersa, o isolado fúngico *Aspergillus flavus* registou maior produção de pectina esterase e pectato liase. A adição de nitrato de amónio aumentou a produção de pectinases a partir de resíduos de cascas de fruta.

> A produção de pectinase a partir da casca da fruta foi mais elevada na fermentação em estado sólido do que na fermentação submersa e o *Aspergillus* teve um melhor desempenho do que outros organismos. A adição de nitrato de amónio influenciou a produção de pectinase.

7. CONCLUSÃO

A maioria dos microrganismos é capaz de produzir várias enzimas extracelulares e intracelulares utilizando várias fontes baratas. O efeito da atividade enzimática é superior ao das enzimas derivadas de plantas. A pectinase é uma enzima extracelular, que é produzida a partir de vários organismos, incluindo bactérias, fungos e também alguns actinomicetos.

A investigação sobre a pectinase tem progredido muito rapidamente nas últimas cinco décadas e foram identificadas potenciais aplicações industriais da enzima, especialmente na gestão de resíduos sólidos. Os principais impedimentos à exploração do potencial comercial das pectinases são o rendimento, a estabilidade e o custo da produção da enzima. Embora as estirpes terrestres de micróbios tenham sido extensivamente estudadas por muitos investigadores. As bactérias *Pseudomonas* sp. e *Bacillus* sp. e os fungos *Aspergillus niger*, *Aspergillus flavus* e *Penicillium chrysogenum* foram utilizados para a produção de pectinases e os resíduos de cascas de fruta foram utilizados como substrato.

8. BIBILIOGRAFIA

1) Abdul Hannan, Rukhsana Bajwa e Zakia Latif. 2009. Estado das estirpes de *Aspergillus niger* quanto ao potencial de produção de pectinase. *Jornal de Fitopatologia do Paquistão*, 21 (1): 77-82.

2) Acuna Arguelles, M.E., M. Gutierrez Rojas, G.Viniegra Gonzalez e E.F. Torres. 1995. Produção e propriedades de três actividades pectinolíticas produzidas por *Aspergillus niger* em fermentação submersa e em estado sólido. *Appl. Microbiol, Biotechnol*, 43: 808-814.

3) Aguilar, G. e C. Huitron. 1987, Estimulação da produção extracelular de actividades pectinolíticas de *Aspergillus sp.* por ácido galacturónico e adição de glucose. *Enzyme Microbiol. Technol.*, 9: 690-696.

4) Aidoo, K.E., R.Hendry e B.J.B Wood. 1982. Fermentação em estado sólido. *Adv. Appl. Microbiol*, 28: 201-237.

5) Alexpolus, C.J. e C.W. Mims. 1979. Introductory Mycology, 3rd edition Wiley Eastern Limited, New Delhi. PP. 189-470.

6) Aneja, K.R. 1996. Produção de enzimas pectolíticas. In: Experiments in Microbiology, Plant Pathology, Tissue Culture and Mushroom Cultivation. Wishwa Prakashan, New Agel International (P) Ltd., Nova Deli, pp.195-197.

7) Archana, A. e T.Satyanarayana. 1997. Fermentação em estado sólido para a produção de enzimas industriais. *Curr. Sci.*, 77: 149-162.

8) Arora, M., V.K. Sehgal e V.K. Thapar, 2006. Produção de proteínas e amilases fúngicas por SSF de resíduos de batata. *Ind. J. Microbiol*, 40: 259-262.

9) Bahkali, A.H. 1995. Produção de celulase, xilanase e poligalacturonase por Verticillium tricorpus em diferentes substratos. *Bioresource Technol*, 51: 171-174.

10) Baracet, M.C.; Vanetti M, C.D.; Araujo, E.F. e Silva, D.O.1991. Condições de crescimento de *Aspergillus fumigatus* pectinolítico para degomagem de fibras naturais. *Biotechnol. Lett.*, 13, 693-696.

11) Bateman, D.F 1972. O complexo Polygalacutronase produzido por *Sclerotium rilfsii*. *Physiol. Plant Pathol*, 2 : 175-184.

12) Bateman, D.F. e R.L. Millar, 1966. Pectic enzymes in tissue degrdataion. *Ann. Rev. Phytopathol*, 4 : 118-146.

13) Baumann, J.W. 1981. Aplicações de enzimas na tecnologia de sumos de fruta. In: Enzyme Food Process (Ind. Univ. Co., Op Symp., 1980), pp171-194.

14) Beisher, L. 1991 Microbiology in Practice - Self Instructional Laboratory course. Harper Collins Publishers, Inc., Nova Iorque. PP.53-131.

15) Blieva, R.K e N.A. Rodinova. 1987. Fracionamento e purificação de enzimas de degradação da pectina por células imobilizadas de *Aspergillus awamore*. *Prikl. Biokhim. Mikrobiol.*, 23: 561-567.

16) Budiatmen, S. e B.K. Lonsane. 1987. Resíduos fibrosos da mandioca: um substituto do farelo de trigo na fermentação em estado sólido. *Biotechnol. Lett.* 9: 597900.

17) Ceci, L. e Loranzo. J. 1998. Determinação das actividades enzimáticas de pectinases comerciais para a clarificação do sumo de maçã. *Food Chem*, 61, 237-241.

18) Cen, P. e L. Xia. 1999. Produção de celulase por fermentação em estado sólido. *Adv. Biochem. Engg. Biotechnol.*, 65 : 42 - 67.

19) Chatterjee, A.K. G.E. Buchanan, M.K. Behrens e M.P. Starr. 1979. Síntese e excreção de ácido poligalacturónico trans - eliminase em *espécies de Erwinia, Yersinia e Klebsiella. Can.J. Microbiol*, 25 : 94 - 102.

20) Chawanit Sittidilokratna, Lerluck Chitradon, Vittaya Punsuvon e Prisnar Siriacha. 2007. Rastreio de bactérias produtoras de pectinase e sua eficiência na biopolpação de casca de amoreira de papel. *Science Asia*, 33: 131-135.

21) Chesson, A. 1980. A review - Maceration in relation to the post harvest handling and processing of plant material. *J. Appl. Bacteriol.*, 48: 1-45.

22) Cole, M.e R.K.S. Wood. 1961. Enzima péctica e substâncias fenólicas em maçãs

apodrecidas por fungos. *Ann. Bot.*, 25: 435-452.

23) Colmer, A., J.L. Rein e M.S. Mount. 1988. Enzimas Pécticas - Ensaios. *Methods Enzymol*, 16: 329-335.

24) Conway, W.S., K.C. Gross, C.D. Boyer e C.E. Sams. 1988. Inhibition of *Penicillium expansum* polygalacturonase activity by increased apple cell wall. *Phytopathol*, 78: 1052-1055.

25) Cook, G.M.N. e R.W. Stewart. 1973. Substâncias pécticas. In: Surface Carbohydrates of the Eucaryotic Cell. (Ed.) Cook, G.M.N., Academic Press, Londres, pp.1-30.

26) Cotty P. J., Medronho R.A., Leite S. G. F. e Couri S. (1995), Purificação parcial de uma poligalacturonase produzida por culturas em estado sólido de *Aspergillus niger* 3T5B. *Revista de Microbiologia*. 26: 318-322.

27) Das, N.K. e H.K. Baruah. 1974. Fisiologia da germinação do arecanut (*Area catechu* L.): Efeito do extrato de enzima pectinase na germinação de redutores e no crescimento de plântulas. *J. Plantn. Crops*, 2 : 10-13.

28) David A., M.Mitchell, A. Berovic e N.Krizer, 2000. Aspectos de engenharia bioquímica do bioprocessamento em estado sólido. *Adv. Biochem. Eng.*, 68: 61138.

29) Hankin, L. e Anagnostaksis, S.L. 1975. A utilização de meios sólidos para a deteção da produção de enzimas por fungos. *Mycology*, 67, 5-7.

30) Elumalai, R.P e A. Mahadevan. 1995. Caracterização da pectato liase produzida por *Pseudomonas marginalis* e clonagem dos genes da pectato liase. *Physiol. Mol. Plant Pathol*, 46: 109-111.

31) Elyrod, R.P. 1942. The *Erwinia* - Coliform relationship, *JBacteriol*. 44: 433440.

32) Foda, M.S., M.F. Hussein, A.Y. Gibriel, L.R.S Rizk e S.I. Basha, 1984. Fisiologia da formação de poligalacturonase por *Aspergillus aculeatus e Mucor Pusillus. Egito. J. Microbiol*, 19: 181.

33) Fogarty, W.M. e C.T. Kelly, 1983. Enzimas Pécticas. In: Fogarty, W.M. (ed.)

Microbial Enzymes and Biotechnology Applied Science Publishers, London, pp. 131-182.

34) Ganibaldi, A. e P.F. Bateman. 1971. Enzimas pécticas produzidas por *Erwinia chrysanthemi* e seus efeitos no tecido da planta do solo. *Physiol plant pathol*, 1: 2540.

35) Garzon, C.G. e R.A. Hours, 1992. Resíduos de citrinos: Um substrato alternativo para a produção de pectinase em cultura em fase sólida. *Bioresource Technol*, 39; 9395.

36) Gerhardt, P., G.E., Murray, R.N. Costelow, E.W. Nexter, A.W. wood. N.P. Krieg e G.B. Phelleps. 1981. Manual of methods for General Bacteriology. Sociedade Americana de Microbiologia, Washinton, DC. 400-450.

37) Ghildyal, N.P., S.V. Ramakrishna, P.Nirmala Devi, B.K. Lonsane e H.N. Asthana. 1981. Produção em grande escala de enzimas pectolíticas por fermentação em estado sólido. *J.Food Sci Technol*, 18: 248 - 251.

38) Gupta P., S.Dhillon, K.Chaudhary e R.Singh, 1997. Produção e caraterização de poligalacturonase extracelular de *Penicillium* sp. *Ind. J.Microbiol.*, 37: 189-192.

39) Heikinheimo, R., D. Flego, M.Phirhonen, M.B. Karlsson, A. Eriksson, Mae, V.Koiv e E.T. Palva. 1995. Characterization of pectate lyase from *Erwinia carotovora*. *Phytopathol.*, 8: 207-217.

40) Hildebrand, D.C. 1971. Enzimas pectolíticas de *Pseudomonas sp.* In: Plant Pathogenic Bacteria. Actas da 3rd Conferência Internacional sobre bactérias patogénicas para plantas. (ed.) Maas Geesteranus, H.P., Centre for Agrl. Publishing and documentation, Wageningen, Países Baixos, pp. 331-343.

41) Hours, R.A., C.E. Voget e R.J. Ertola. 1988. O bagaço de maçã como matéria-prima para a produção de pectinae é uma cultura em estado sólido. *Biological wastes*, 23: 221-228.

42) Ikotun,T. 1984 Enzimas de degradação da parede celular produzidas por *Penicillium oxalicum Curie* em Thom. *Mycopathologia*, 88: 15-21.

43) Isshiki, A., K.Akimitsu, K.Nishio, M.Tsukant e H.Yamamoto. 1997. Purificação

e caraterização de uma endopoligalacturonase do patotipo rugoso do limão de *Alternaria alternata*, a causa da doença da mancha castanha dos citrinos. *Physiol., Mol. Plant Pathol*, 51: 155-167.

44) Kapat, A., G.Zimand e Y. Elad. 1998. Efeito de dois isolados de *Trichoderma harzianum* sobre a atividade da enzima hidrolítica produzida por *Botrytis cinerea*. *Physiol. Mol. Plant Pathol*, 52: 127-137.

45) Kester, H.C. e J.Visser. 1990. Purificação e caraterização da poligalacturonase produzida pelo fungo *Aspergillus niger. Biotechnol. Appl. Biochem.*, 12: 150-160.

46) Kunte, S. e N.V. Shastri. 1980, estudos sobre a produção extracelular de enzimas pectolíticas por uma estirpe de *Alternaria alternata. Ind. J. Microbiol*, 20 : 211-215.

47) Lali Kutateladze, Maya Jabova e Ruzudan Khvedelidze. 2009. Seleção de fungos microscópicos produtores de pectinase. *Boletim da Academia Nacional de Ciências da Geórgia*, 3(1): 136-142.

48) Leuchtenberger, A., E. Fruise e H. Ruthlope. 1989. Varação da síntese de poli galacturonase e pectina esterase por micélio agregado de *Aspergillus niger* em dependência da fonte de carbono. *Biotechnol. Lett*. 11: 255-258.

49) Liao, C.H., T.D. Gaffney, S.P. Bradley e LC. Wong. 1996. Clonagem do gene da pectato liase de *Xanthomonas campestris* pv. Malvacearum e comparação da sua relação de sequência com o gene pel da podridão mole *Erwinia* e *Pseudomonas. Mol. Plant Microb. Interaction*, 9: 14-21.

50) Lonsane, B.K. e M.V. Ramesh, 1992. Produção de enzimas bacterianas termoestáveis por fermentação em estado sólido: uma ferramenta potencial para obter economia na produção de enzimas. *Adv. Appl. Microbiol*, 15: 1-48.

51) Lonsane, B.K. e N.P. Ghildyal. 1992. Exoenzimas. In: Solid Substrate Cultivation. Doelle, H.W., D.A. Mitchell e C.E. Rolz (eds). Elsevier Applied Sciences, Londres. PP. 273 - 278.

52) Lowe, D.A. 1992 Fungal enzymes. In: Handbook of Applied Mycology - Fungal Biotechnology. (Eds.) D.K Arora, R.P. Elander e K.G. Muckerji, Marcel Dekker, Inc.,

Nova Iorque. pp. 681 - 706.

53) Lysenko, O. 1961. *Pseudomonas* - uma tentativa de classificação geral. *J.Gen. Microbiol*, 25: 379.

54) Marcia Soares, Roberto da Silva e Eleni Gomes. 1999. Triagem de linhagens bacterianas para atividade pectinolítica: Caracterização da poligaluctrunodase produzida por *Bacillus* sp. *Revista de Microbiologia*, 30: 299 - 303.

55) McMillan, G.P., D.J. Johnson e M.C.M Perombelon 1995. Purificação e caraterização de uma isoenzima de pectinametilesterase elevada e do seu inibidor de tubos de *Solanum tuberosum cv. Katahdin. Physiol. Mol. Plant Pathol*, 46: 413 - 427.

56) McMillan, G.P., D.J. Johnston e M.C.M Perombelon 1992. Purificação de poligalacturonase extracelular homogénea e isoenzimas de pectato liase de *Erwinia carotovora sub* sp. *Atroseptica por* cromatografia em coluna. *J. Appl. Bacteriol.*, 73: 83 - 86.

57) Mehta, A., S. Chopra, V.Kare e P. Mehta. 1992. Influência de fontes de carbono ativo na produção de enzimas pectolíticas e celulolíticas por *Fusarium oxysporum* e *Fusarium moniliforme. Zentralblatt fur. Mikrobiologie*, 147: 557 - 561.

58) Moran, F e M.P. Starr. 1969, Metabolic regulation of polygalacturonic acid trans eliminase in *Erwinia. Curr. J. Biochem*, 11: 1-5.

59) Mudgett, A.E.1986. Solid state fermentations in A. L. Demain and N. A. Solomon, eds. Manual of Industrial Microbiology and Biotechnology, American Society for Microbiology Washington, D.C., 66-83.

60) Murad, S.A. e M.S. Foda. 1992. Produção de poligalacturonase de levedura em resíduos de lacticínios. *Bioresource Technol.* 41: 247-250.

61) Nagel e Vaugh 1981 ou produção de enzimas pectolíticas em *Bacillus polymyxa. J. Bacteriol*, 83: 1-5.

62) Norkrans, B. e A. Hammarstrom. 1963. Estudos sobre o crescimento de Rhizina undulate e sua produção de enzimas decompositoras de celulose e pectina. *Physiologia*

Plantarum, 16: 1.

63) O'meara, R.A.Q. 1931, A simple delicate and raid method of detecting the formation of acetylmethyl carbinol by bacteria fermenting carbohydrate. *J.Path. Bact.* 34: 401.

64) Pandey, A., P. Selvakumar, C.R. Soccol e P. Nigam. 1999. Solid-state fermentation for the production of Industrial enzymes (Fermentação em estado sólido para a produção de enzimas industriais). *Curr. Sci.*, 77: 149-162.

65) Pandey, A.1992. Desenvolvimentos recentes em Fermentação em estado sólido. *Process Biochem*, 27, 109-117.

66) Papdiwal, P.B. e K.B Deshpande. 1980. Influência do extrato de levedura na produção de enzimas pectolíticas por *Xanthomonas malvacearum. Arch. Biol. Chem.*, 7: 67 - 81.

67) Pariza, M.W. e Foster E.M.1983. Determinação da segurança das enzimas utilizadas na indústria alimentar. *J. Food Prot.*, 46, 453-458.

68) Pietro, A.D. e M.I.G Roncero. 1996 Clonagem, expressão e papel na patogenicidade da pg1 que codifica a principal endopoligalacturonase extracelular do agente patogénico da murchidão vascular, *Fusarium oxysporum. MPMI*, 11: 91-98.

69) Rajpurohit, T.S. e N.Prasad. 1982. Produção de enzimas pectinolíticas por *Alternaria sesami in vitro. Ind. J.Mycol. Plant Pathol*, 12: 220-221.

70) Rexova-Benkova, L. e O.Markovic. 1976. Enzimas pécticas. *Adv. Chem. Biochem.*, 33: 323-385.

71) Rolz, C., R. de Leon e M.C. de Arricola. 1982. Biotecnologia no processamento de café lavado. *Process Biochem*, 16: 8-11.

72) Roussos, S., de los Angeles Aquiahuatl M.del Refugio Trejo - Hernandez, I.Gaime Perraud, E.Favela, M.Ramakrishna, M.Raimbault e G.Viniegra Gonzalez. 1995. Gestão biotecnológica da polpa de café - Isolamento, triagem, caraterização, seleção de fungos degradadores de cafeína e da microflora natural presente na casca da polpa

de café. *Appl. Microbiol. Biotechnol*, 42: 756 - 762.

73) Sakai T., T. Sakamoto, J.Hallaert e E.J. Vandamme. 1993. Pectina, pectinase e protopectinase: produção, propriedades e aplicação. *Ann. Rev. Microbiol.*, 37: 213-294.

74) Sara, S.P., E.F Torres, G.V. Gonzalez e M.G Rojas 1993. Efeitos de diferentes fontes de carbono na síntese de pectinase por *Aspergillus niger* em fermentações submersas e em estado sólido. *Appl. Microbiol. Biotechnol.*, 39: 3641.

75) Schmidt, O., H. Angermann, I.Frommhold - Treu e K.Hoppe, 1995. Investigações experimentais e teóricas de fermentações submersas e síntese de enzimas pectinolíticas por *Aspergillus niger. Appl. Microbiol. Biotechnol.*, 43: 424-430.

76) Shindia, A.A. 1995. Estudos sobre fungos degradadores de pectina em composto. *Egito. J. Microbiol*, 30: 85-99.

77) Smibert, R.M. e N.R. Kreig, 1981. Caracterização geral. In: Methodology for General Bacteriology (Ed.) P. Gerardt, Academic Publisher, New York. pp.400 - 450.

78) Smith N.R. e V.T. Dawson, 1944. A ação bacteriostática do rosebengal em meios utilizados para a contagem em placas de fungos do solo. *Soil Sci.*, 58: 467.

79) Smith, J.E. e Aidoo, K.E. 2005. Growth of fungi on Solid Substrates (Crescimento de fungos em substratos sólidos). Physiology of Industrial Fungi, Blackwell, Oxford, Inglaterra, 249-269.

80) Solis-Pereyra.S.; Favela-Torres, E.;Gutierrez -Rojas,M.;Roussos,S.; Saucedo Castaneda, G. e Viniegra Gonzales, G.1996. Produção de pectinases por *Aspergillus niger* em fermentação em estado sólido a altas concentrações de glucose. *World. J.Microbiol. Biotechnol.*, 12, 275-260.

81) Spagnulo, M., C.Crecchio, M.D.R Pizzigallo e P. Ruggiero, 1997. Synergistic effects of cellulolytic and pectinolytic enzymes in degrading sugar beet pulp. *Bioresource Technol*, 60: 215-222.

82) Stutzenberger F. 1992. Produção de pectinase. Encyclopedia of Microbiology (Lederberg J.ed-in-chief), Academy press, New York.3: 327-337.

83) Tahara, T., S. Doi, A. Shinmyo e G.Terni. 1972. Repressão translacional na síntese preferencial de algumas enzimas de fungos. *Ind. J.Ferment. Technol.*, 50: 655-661.

84) Tengerdy, R.P. 1985. Fermentação em estado sólido. *TIBTECH*, 3: 96-99.

85) Thakur, B. R.; Singh, R. K e Handa, A.K. 1997. Química e utilizações da pectina. *Crit Rev Food Sci Nutr.*, 37:47.

86) Tolboys, P.W. e I.V. Busch. 1970. Enzimas pécticas produzidas por espécies de *Verticillium. Trans. Br. Mycol. Soc.*, 55: 351-381.

87) Trejo-Hernandez, M.R., E.Oriol, A. Lopez - Canales, S.Roussos, G.Viniegra e M.Raimbault. 1991. Produção de pectinases por *Aspergillus niger* por fermentação em estado sólido em suporte. *Micol. Neotrop. Apl.*, 4: 49:62.

88) Tucker, G. A. e Woods, L. F. J. 1991. Enzimas na produção de bebidas e sumos de fruta. Enzymes in Food Processing, Blackie, Nova Iorque, 201-203.

89) Tuttobello, R, e P.J. Mill, 1961. As enzimas pépticas de *Aspergillus niger:* Produção de misturas activas de enzimas pécticas. *J.Biochem*, 79: 51-57.

90) Urmila Phutela, Vikram Dhuna, Shobana Shandu e B.S. Chandha. 2005. Produção de pectinase por um *Aspergillus fumigatus* termofílico isolado da decomposição de cascas de laranja. *Revista Brasileira de Microbiologia*, 36: 63-69.

91) Wang, C.C.H. e K.C. Chang. 1994. Polpa de beterraba e propriedades físico-químicas da análise de pectina isolada relacionadas com a congelação. *J.Food Sci.*, 59: 1153-1167.

92) Ward, O.P. e W.M. Fogarty, 1974. Produção de poligalacturonase liase por *Bacillus subtilis* e *Flavobacterium pectinovorum. Appl. Microbiol*, 27: 346350.

93) Weber. J., O.Olsen, C. Wegner e D. Von Wettstein. 1996. Os digalacturonatos da degradação da pectina induzem respostas dos tecidos contra a podridão mole da batata. *Physiol. Mol. Plant Pathol*, 48: 389-401.

94) Young, M. M., Moriera, A. R. e Tengerdy, R. P.1983. Principles of Solid state

Fermentation in Smith J.E.; Berry, D. R.and Kristiansen, B, eds. Filamentous fungi Fungal Technology, Arnold, E. London. 117- 144.

95) Zhao, M., M. James e R.E. Paull. 1996. Efeito da irradiação gama no amadurecimento da pectina da papaia. *Post harvest Biol. and Technol.*, 8: 209-222.

96) Zucker, M. e L. Hankin, 1970. Regulação da síntese de pectato liase em *Pseudomonas fluorescens e Erwinia carotovora. J.Bacteriol.*, 104: 13-18.

97) Zucker, M., L. Hankin e D.Sands. 1972. Factores que regem a síntese de pectatelyase em bactérias de podridão mole e não mole. *Physiol. Plant Pathol*, 2: 59-67.

FSC
www.fsc.org
MIX
Papier aus verantwortungsvollen Quellen
Paper from responsible sources
FSC® C105338